ulmer

Anne Baresch

Was sucht das Huhn im Kräuterbeet?

Naturnahe & artgerechte Fütterung für gesunde Hühner und Wachteln

Inhalt

optimistic all the time

Hühner und Wachteln legen Eier. Und sonst noch?

Schon lange werden Wachteln und Hühner nicht mehr aufs Eierlegen reduziert. Es ist gerade ihr spannender Charakter, der immer mehr Menschen fasziniert. Artgerecht gehaltene Hühner und Wachteln spielen und kommunizieren unheimlich viel. Letzteres sogar schon mit ihren Küken, während diese noch im Ei sind. Sie lieben es zu baden. Sie schließen Freundschaften. Enge Freundschaften. Sie können Trauer, Schmerz und Freude verspüren. Sie träumen. Sie können unsere Gesichter erkennen. Und sogar Tricks und Kunststücke lernen, denn sie sind vergleichbar intelligent wie unsere Hunde und Katzen.

Seit nunmehr 15 Jahren setze ich mich dafür ein, dass Wachteln und Hühner besser verstanden werden und artgerechter leben dürfen. Dass artgerechte, naturnahe Fütterung Hand in Hand geht mit einer guten Haltung. Dass es mehr glückliche Hühner und „glückliche Eier" gibt. Dass wir *mit* unseren Tieren leben und sie nicht dazu degradieren, *für* uns zu existieren.

Ich freue mich täglich, wenn ich Menschen davon überzeugen darf, dass eine artgerechte, gesunde Fütterung der richtige Weg ist. Ein Weg, der für jeden gut umsetzbar ist.

Ein besonders großes Dankeschön möchte ich meinem Mann aussprechen, der zu jeder Tages- und Nachtzeit mit ganzer Kraft unterstützend hinter mir stand. Ihm und meinen Kindern bin ich sehr dankbar, dass sie meine geliebte Hühner- und Wachtelwelt jeden Tag mit mir leben. Mit mir neue Rezepte und Ideen ausprobieren, Kräuter sammeln und all das wirklich leben, was nun hier in diesem Buch zusammengefasst ist … Denn die größte Stärke dieses Buches ist, dass es aus dem Alltag mit den Tieren und der Liebe zu den Tieren entstanden ist.

Bei Fragen oder Problemen bin ich immer gern für euch da!

Eure Anne

Das sind sie nun, die ersten Worte ...

Die ersten Worte meines Buches, welches seit mittlerweile fast zehn Jahren in meinem Kopf herumgeistert. Ein Buch über die Fütterung sollte es sein. Mit dem ganzheitlichen Verständnis, dass „Du bist, was du isst". Auch als Huhn. Oder als Wachtel. Mit den richtigen und wichtigen Gemeinsamkeiten, die die Wachtel- und Hühnerfütterung betreffen, aber auch den richtig herausgearbeiteten Unterschieden. Denn Wachteln sind eben nicht als Miniformate unserer Hühner zu betrachten.

Die moderne Industrie erklärt uns seit Jahrzehnten, dass Hühner und Wachteln Pellets brauchen. Oder Legemehl. Und damit sind sie eigentlich auch optimal versorgt. Aber ist das wirklich so? Kann man das mit einem modernen, ganzheitlichen Verständnis der Ernährung der eigenen Tiere wirklich vereinbaren? Und brauchen wir überall die neuesten Erkenntnisse? Oder ist nicht manchmal „back to the roots" der bessere Weg? Diesen und noch vielen weiteren Fragen werde ich in diesem Buch auf den Grund gehen. Und weil Praxis viel mehr Spaß macht als trockene Theorie, gibt es natürlich auch viele leckere und gesunde Rezepte. Denn (Tier-)Liebe geht doch bekanntlich durch den Magen.

Wir machen gemeinsam einen Spaziergang durch die Jahreszeiten. Was kannst du wann, zu welcher Jahreszeit füttern? Und was solltest du deinen Wachteln und Hühnern unbedingt füttern? Und wie? Lieber klein gehackt? Ganz? Als Tee? Gibt es eventuell auch Zutaten, die du nur für kurze Zeit sammeln kannst und dann am besten für das ganze Jahr trocknen solltest? Und was geht auf der anderen Seite ganzjährig problemlos?

Lass uns gemeinsam durch das Jahr streifen und herausfinden, was wann für deine Tiere am besten ist.

Wildkräuter und Blumen sind eine hervorragende Möglichkeit, die Gesundheit unserer Wachteln und Hühner zu unterstützen.

Wachteln und Hühner gesund ernähren

Warum braucht der moderne Mensch eigentlich selbst Hühner oder Wachteln im Garten?

Hühner gelten offiziell als Nutztiere. Genau wie Wachteln. Genau wie Kühe, Schweine und Co. Und kaum jemand von uns hat wohl Kühe oder Schweine im Vorgarten. Warum wollten wir uns also Hühner und Wachteln halten? Und woher kommt dieser Trend eigentlich?

Hühner und Wachteln sind niedlich. Ihre Emissionen sind überschaubar. Sie sind intelligent und haben einen faszinierenden Charakter. Und ganz gewiss schätzen viele Menschen das wohl leckerste Frühstück der Welt: die Eier aus dem eigenen Garten. Hühner und Wachteln haben längst ihr Klischee als Nutztier verloren. Sogar die Süddeutsche Zeitung bezeichnete das Huhn als das Haustier von morgen. Ein Trend, den ich mit offenen Armen begrüße. Denn kein Supermarkt-Ei der Welt stammt aus einer so liebevollen und hochwertigen Haltung, wie es heute die meisten Eier aus Hobbyhaltung tun. Die meisten Anbieter haben noch nicht einmal den Anspruch daran. So werden Wachteln in Deutschlands Hauptimportländern Spanien und Portugal mit bis zu 52 Tieren pro Quadratmeter gehalten.

Welches Bild assoziiert man also mit dem modernen Hobbyhalter, der modernen Hobbyhalterin von heute? Sie haben keine reinen Nutztiere. Die Wachteln und Hühner von heute haben einen Platz im Herzen ihrer Besitzer. Ihr Leben wird genauso geschätzt wie jedes einzelne Ei, was sie uns legen. Wertschätzung und der Anspruch an eine artgerechte Haltung sollten die obersten Gebote sein.

Tschüss Resteesser. Hallo Feinschmecker!

Früher gab's doch für die Hühner auch schimmeliges Brot. Bestimmt hast du, als echter Hühner- und Wachtelliebhaber, schon einmal einen vergleichbaren Spruch zu hören bekommen. Denn für viele Menschen sind Hühnervögel immer noch Resteesser. Ein schwieriges Schicksal. Denn eigentlich sind sie echte Gourmets. Nur eben auf ihre eigene Art und Weise. Hühner und Wachteln lieben Vielfalt und Abwechslung. Sicherlich hast du deine gefiederten Lieblinge schon einmal dabei erwischt, wie sie die ganze Schale verteilt und verscharrt haben, weil sie nur diese eine Lieblingszutat essen wollten. Und auch die wild lebenden Verwandten zeigen eindeutig: Eine ausgewogene, vielseitige und abwechslungsreiche Ernährung gehört zum ganz natürlichen Habitus. Darin sind Saaten genauso enthalten wie junge Triebe und Blätter, Pflanzen generell, Wurzeln, Insekten, Würmer, Körner, Obst und Gemüse. Erst durch den Menschen und die Hochleistungszucht wurden sie zu Pellet- oder Mehlfressern. Und ganz wichtig: auch zum Allesfresser ernannt. Und so gibt es diverse Quellen, die darstellen, wie hervorragend man Essensreste oder gar vermeintlichen Müll den Hühnern zum Fressen geben kann. Meine persönlichen „Lieblinge" sind

Kanadische Felsenbirnen sind eine oft vergessene Leckerei.

Wusstet ihr, dass bei einer Umfrage unter 455 Menschen 72 % der Meinung waren, dass solch wertvolle Lebensmittel wie Eier aus einer tollen Haltung nicht genügend wertgeschätzt werden?

Nudeln, (meist altes) Brot und die Reste vom Mittagessen. Von besorgten, verantwortungsbewussten Hühner- und Wachtelhaltern liest man in diesem Zusammenhang dann in diversen Gruppen oder Foren: Dürfen meine Wachteln/Hühner das fressen?

Der Fehler liegt vermutlich bereits in der unwissentlich problematisch gestellten Frage: „Dürfen ..." Was bezweckt man damit? Natürlich sind Nudeln und Co. nicht giftig. Das war vermutlich auch das letzte Mittagessen, was man nun weiterverfüttern möchte, nicht. Doch warum möchte ich das meinen Hühnern füttern?

DAS NUDEL-PROBLEM

Nudeln liefern schnell Kohlenhydrate. Beim Menschen wie beim Huhn. Hinzu kommt, dass Hühner Kohlenhydrate gut verstoffwechseln können.

Aber: Bei der Herstellung von normalen Hartweizennudeln wird, genau wie bei diversen Backwaren, hauptsächlich Weißmehl verwendet. Weißmehl wird aus einem kleinen Teil des Getreidekorns (Weizen), nämlich dem Inneren, gewonnen. Hier sitzt ein Großteil der Kalorien, aber nur ein verschwindend kleiner Teil der Ballaststoffe, Mineralstoffe, ungesättigten Fettsäuren und Vitamine. Kurz: Viele Kalorien, wenig wertvolle Inhaltsstoffe. Eine Vielzahl von Studien zeigt mittlerweile die negative Auswirkung von Weißmehl auf die Darmflora bei diversen Spezies. Und die ist bei Hühnern und Wachteln essenziell für ein gesundes Leben und eine starke Abwehr gegen Endoparasiten.

DAS BRÖTCHEN-PROBLEM

Das Brötchen-Problem ist eine Fortsetzung des Nudel-Problems. Hinzu kommen bei Brötchen aber noch Aspekte wie Hefe, Backtriebmittel generell, Salz, gegebenenfalls Zucker und diverse Zusatzstoffe, die dafür sorgen, dass unsere Brötchen so fluffig und lecker sind, wie wir sie lieben. All diese zusätzlichen Inhaltsstoffe sind nicht für eine gesunde Fütterung eurer Hühner geeignet.

DAS ESSENSRESTE-PROBLEM

Du bist, was du isst. Den Spruch kennt wohl jeder. Nur dass Hühner und Wachteln nicht die Wahl haben. Sie sind, was wir ihnen zu essen geben, wenn man es auf dieses Zitat beziehen möchte. Und so wird schnell deutlich, dass es bezüglich Essensresten unmöglich eine einheitliche Beurteilung geben kann. Es gibt Essensreste, die können deinen Wachteln und Hühnern sogar schaden. Es gibt aber sicherlich auch Überbleibsel, die eine gesunde Bereicherung des Speiseplans darstellen. Unbedingt verzichtet werden sollte auf gesalzene oder stark gewürzte Speisen, auf für Hühnervögel giftige Zutaten wie Avocados etc. und natürlich auf verdorbene Speisen.

Wertvolle Überbleibsel können beispielsweise Schnibbelreste vom Gemüseteller oder aus der Brotdose sein. Kurz: Natürlich gibt es einige Leckereien in deiner Küche, über die sich deine Wachteln und Hühner freuen werden. Und im Laufe dieses Buches werden wir davon sogar hoffentlich gemeinsam noch mehr entdecken. Aber das Wohl der Tiere ist dabei stets im Mittelpunkt. Es soll um eine ganzheitliche, naturnahe Fütterungsempfehlung gehen. Eine Fütterung, die eure Tiere unterstützt und bei der Gesunderhaltung fördert. Nicht um Federvieh-Fast-Food, was der bloßen Lebenserhaltung dient.

Ziel dieses Buches soll es sein, zurück zum natürlichen Ursprung zu finden, ohne dabei die genetischen Voraussetzungen und daraus resultierende Bedürfnisse außer Acht zu lassen.

Um diesem Anspruch gerecht zu werden, ist es unumgänglich, wieder eine natürliche Saisonalität einkehren zu lassen. Denn die Natur weiß erstaunlich gut, welche Nährstoffe wann am meisten benötigt werden. Saisonale Futterangebote werden dich in diesem Buch sowohl zur jeweiligen Jahreszeit erwarten als auch in den zugehörigen Rezepten berücksichtigt werden. Fangen wir also bei den Grundlagen an ...

Back to the roots statt höher, schneller, weiter!

Ob Gemüse oder Kräuter: Wer auf Saisonalität achtet, tut seinen Tieren einen großen Gefallen und fördert die Gesundheit.

Wie die Tiere ihr Futter gut verwerten können

Wachteln und Hühner haben einen Muskelmagen. Dieser funktioniert mithilfe von kleinen Steinchen. Diese reiben bei Muskelkontraktion aneinander und an der aufgenommenen Nahrung. Diese Funktionsweise ersetzt bei den Vögeln die mechanische Zerkleinerung beispielsweise durch Zähne.

Damit diese Funktion aufrechterhalten bleiben kann, brauchen unsere Wachteln und Hühner dauerhaft kleine Steinchen zur Verfügung. Wie viele sie am besten aufnehmen, können die Kleinen sehr gut selbst abschätzen. Daher sollte der sogenannte Grit den Tieren dauerhaft zur Verfügung stehen. Das ist übrigens auch der Grund, warum Hühnervögel beim Sandbad gern einige Steinchen und Sandkörner picken.

Wichtig: Die Teilchengrößen des Grits muss immer zur Größe des Muskelmagens und damit zur Größe des Tieres passen. Zwergwachteln und Brahmas dürfen da also durchaus einen gewissen Unterschied haben. Aber: Der Unterschied ist gar nicht so groß, wie man vermeintlich denken mag. Es gibt besonders für Hühner viele Gritsorten auf dem Markt, dessen Teilchen sehr groß und vor allem sehr scharfkantig sind. Davon rate ich persönlich ab.

Hochwertiger Grit hat eine Vielzahl an unterschiedlichen Teilchengrößen. Allen hochwertigen Produkten gemein ist, dass sie nicht scharfkantig sind, sondern aus abgerundeten, bekömmlichen Steinchen bestehen. Häufig werden bei Grit auch die enthaltenen Mineralstoffe als Argument angeführt. Wichtig ist aber zu verstehen, dass die Inhalte der Steine natürlich nicht vollständig verdaut und aufgenommen werden können. Folglich müssen die Mineralien letztendlich über das Futter in den Organismus gelangen. Das kann über synthetische Zusätze erfolgen oder über natürliche Ergänzungen. In vielen Fällen kann die natürliche Form besser vom Körper umgesetzt werden als die synthetische. Das ist sowohl bei einigen Vitaminen als auch bei einigen Mineralstoffen so. Vitamin E ist hier ein sehr bekanntes Beispiel.

Ein Mineral, was am häufigsten fehlt, ist Calcium. Wachteln und Hühner wurden über Jahrtausende auf ein hohes Maß an Legeleistung gezüchtet (das Urhuhn, das Bankiva-Huhn, legte noch lediglich zur Arterhaltung). Dabei sind sie vor allem von Frühling bis Herbst in einem dauerhaften Zustand des Aufbaus. Frühjahrsmauser: Gefieder und gegebenenfalls Eier werden aufgebaut – Legephase: Eier werden regelmäßig gebildet – Herbstmauser: Gefieder wird erneuert und eventuell weiterhin gelegt. Sowohl für den Aufbau eines gesunden Gefieders als auch natürlich für die Produktion der Eier benötigen die Tiere viel Eiweiß, aber auch Calcium.

Ein Sandbad gehört zur Gefiederpflege und Verdauung gleichermaßen.

Während bei einem Eiweißmangel die Wachteln und Hühner oft mit einem Einstellen des Legens reagieren, wodurch der Mangel recht schnell erkannt wird, leiden sie bei einem Calciummangel still. Um eine gute Eischalenqualität zu sichern, lösen die Tiere Calciumbausteine aus ihrem Brustbein heraus. Dieses wird dadurch bei einem anhaltenden Mangel zusehends poröser, was bis zu einem Brustbeinbruch führen kann. Bei industriell genutzten Legehennen konnten Kopenhagener Forscher feststellen, dass 85 % der Hennen mindestens einmal einen Brustbeinbruch hatten. Viele litten sogar unter Mehrfachfrakturen.

Eine starke, bedarfsgerechte Versorgung mit den erforderlichen Nährstoffen, Vitaminen und Mineralien ist folglich für eine artgerechte, tierorientierte Haltung immens wichtig.

Rose-Kokos-Hirse-Pickstein

Für 4–5 Pickstein-Muffins:
1/2 Tasse Rosenblütenblätter (frisch oder getrocknet)
1/2 Tasse Hirse
1/2 Tasse Kokosraspel
4 EL Vollkornmehl
1 Hühnerei oder
4 Wachteleier
optional 3 Tropfen Rosenöl

Wer möchte kann auch noch 3 TL Grit hinzufügen.

Die Menge der Rosenblütenblätter halbieren: Eine Hälfte zur Seite stellen, die andere Hälfte mit den anderen Zutaten zu einem festen Teig kneten. Ist der Teig zu bröselig, wenig Wasser hinzufügen und einkneten. Die übrigen Rosenblütenblätter nur kurz unterheben, sodass ihre Form weitestgehend erhalten bleibt.

Den Teig in eine Form deiner Wahl geben. Muffinförmchen zum Beispiel eignen sich sehr gut, aber auch Mini-Gugelhupfformen. Bei 180 °C je nach Form 25–35 Minuten backen. Danach bei 40 °C noch ein wenig nachtrocknen lassen. Alternativ können die Picksteine auch noch etwas an den Ofen oder auf die Heizung gelegt werden. Je besser sie durchtrocknen, desto länger sind sie haltbar.

Mit einer ganzheitlichen, naturnahen Fütterung den Darm stärken

Es gibt einige Endoparasiten, die Hühnervögel ausgesprochen gern heimsuchen. Dazu gehören vor allem unterschiedliche Würmer, Kokzidien und Kolibakterien. Ein starker Darm und ein starkes Immunsystem gelten als beste Voraussetzung, um sich effektiv gegen einen Befall zu schützen. Und dieser Schutz ist wichtig! Denn diese Parasiten sind sowohl für die Wachteln und Hühner als auch für uns Menschen ein Problem. Durch den Verzehr der tierischen Produkte kann es auch zu einer Weitergabe der Parasiten an den Menschen kommen. Würmer beispielsweise können durchaus im Ei eingeschlossen werden. Zusätzlich scheiden Endoparasiten toxische Stoffwechselprodukte aus, die zu diversen Verdauungsdefekten führen können. Daher sollte eine naturnahe Prävention gegen diese Endoparasiten möglichst ein fester Bestandteil der täglichen Fütterung sein.

Mittlerweile konnten die Erfahrungen mit den pflanzlichen Wegen durch immer mehr Studien untermauert werden. Besonders interessant sind in diesem Zusammenhang Majoran und Oregano sowie Kletten-Labkraut. Bei Majoran und auch Oregano konnte in einer Studie nachgewiesen werden, dass sie effektiv gegen Kolibakterien wirken können. Kletten-Labkraut konnte seine Wirkung gegen Methicillin-resistente Arten von *Staphylococcus aureus* in einer Studie nachweisen.

Ist der Darm gesund, fühlen sich die Tiere putzmunter. Bitterstoffe spielen eine wichtige Rolle.

Löwenzahn ist ein gesunder Snack, da er Bitterstoffe und Vitamine enthält. Füttere ihn am besten mit Wurzel.

Beobachtet man nun, welche Wildkräuter wann Saison haben und bezieht auch Wurzeln und Blüten mit ein, stellt man schnell fest, dass die Natur eine ausgesprochen ausgetüftelte Taktik hat, die Tiere dahingehend zu unterstützen. Daher zeige ich Euch, welche (Wild-) Kräuter wann am besten gefüttert werden, und gebe euch zu jeder Jahreszeit eine passende Darmkur an die Hand.

Dabei stehen Bitterstoffe, Flavonoide, Gerbstoffe und andere sekundäre Pflanzenstoffe im Fokus. Die nachgesagten Wirkungen sind vielfältig, ebenso meine eigenen Erfahrungen: Sie können antimutagen, antikarzinogen, antimikrobiell, antioxidativ, entzündungshemmend, blutdruckregulierend, das Immunsystem stärkend und antikanzerogen wirken, das Risiko für Herz-Kreislauf-Erkrankungen senken und freie Radikale binden. Zusätzlich verschlechtern sie die Lebensgrundlage für Endoparasiten im Darmbereich und sorgen für eine ganzheitliche Mobilisierung des Immunsystems.

SCHNELLE HILFE BEI DURCHFALL

Wenn die Wachteln und Hühner doch einmal Durchfall haben sollten, empfiehlt es sich, eine Kotprobe analysieren zu lassen. Die kann entweder über den Tierarzt untersucht oder über denselbigen an ein entsprechendes Labor geschickt werden. Natürlich kann man die Proben auch selbst an ein Labor schicken. Die Kosten liegen etwa zwischen 20 und 30 Euro. Das Ergebnis liegt in der Regel recht schnell vor.

Akut können pflanzliche Mittel wie Blaumohn gegen den Durchfall helfen. Allerdings bekämpft das ausschließlich die Symptome, nicht die Ursache. Die Ursachenbekämpfung sollte immer das Ziel sein. Eine schnelle Symptomlinderung kann aber bei Durchfall durchaus sinnvoll sein, um beispielsweise eine zu starke Dehydrierung der Tiere zu verhindern.

Das richtige Grundfutter für eure Wachteln und Hühner

Bevor wir uns die Jahreszeiten genauer anschauen, gilt es noch, die grundlegendste aller Fragen zu beantworten: Wie sollte die Basis deiner Fütterung aussehen, was eignet sich als Grundfutter?

Aufgrund der angezüchteten hohen Legeleistung ist es wichtig zu verstehen, dass Legewachteln und Hühner diesem Trieb entsprechend ernährt werden. Sonst können massive Mangelerscheinungen auftreten und diese die Gesundheit der Tiere gefährden.

Auch wichtig zu wissen ist, dass viele Körner einer enzymatischen Unterstützung bedürfen, damit sie überhaupt vollständig aufgespalten werden können und den Tieren so auch vollends in ihren Nährstoffen zur Verfügung stehen. Und damit sie überhaupt bekömmlich sind. So enthalten viele Getreidesorten, die auch in handelsüblichem Wachtel- und Hühnerfutter verwendet werden, Beta-Glucan. Das ist für Hühnervögel, ganz im Unterschied zu uns Menschen, aber so gar nicht gesund. Denn es sorgt dafür, dass in Verbindung mit Wasser eine klebrige Masse im Darm entsteht. Diese wiederum verschlechtert massiv die Nährstoffaufnahme, beeinflusst die Konsistenz des Kotes negativ und kann sogar zu bakteriellen Krankheiten führen wie zu einer Darmentzündung (Enteritis). Zum Verständnis: Wir reden hier nicht von ein wenig Bauchschmerzen, sondern von einem echten Problem, was lebensbedrohlich werden kann.

Diese Aspekte werden in einem wohlgemerkt hochwertigen Alleinfutter natürlich berücksichtigt. Darin werden bestimmte Stoffe zugesetzt, wie NSP-Enzyme, Nicht-Stärke-Polysaccharide-Enzyme, wie beispielsweise Beta-Glucanase, um die genannten Bindungen zu spalten. Dadurch werden die Getreidesorten bekömmlich und besser verdaubar gemacht.

Tipp: Dasselbe Futter für alle?
Wachteln können mit Hühnerfutter nicht ausreichend versorgt werden. Hühner aber durchaus mit einem hochwertigen Wachtelfutter.

ROHPROTEIN, EIWEISSE, PROTEINE …

Viele Begriffe, ein Ziel: Wachteln und Hühner benötigen für ihr angezüchtetes Legeverhalten und zur regelmäßigen Eierproduktion, zum Aufbau von Muskulatur und zur Gesunderhaltung genügend Eiweiß (Protein). Dabei sind sowohl die

Menge an sich wichtig als auch die Qualität und die Bioverfügbarkeit des Proteins. Neben einem starken Aminosäurespektrum sind auch die essenziellen Aminosäuren Methionin und Lysin wichtig. Adulte Wachteln benötigen etwa 18–20 % Rohprotein. Hühner sind mit 17–20 % gut versorgt. Zusätzlich sollte auf den Ursprung der Eiweißquellen geachtet werden. Gentechnisch veränderte Rohstoffe empfehle ich euch zu vermeiden. Auch ökologisch bedenkliche Inhaltsstoffe wie Palmöl oder Soja kann man durch nachhaltige Alternativen ersetzen. Palmöl lässt sich problemlos durch Sonnenblumen- oder Rapsöl ersetzen. Im besten Fall wird ergänzend mit Kräuterölen, wie Oreganoöl, im Futter gearbeitet.

Da Hühner und Wachteln in dem hier fokussierten Verständnis einer naturnahen Fütterung aber nicht nur auf den kalorischen und den nährstofftechnischen Aspekt reduziert werden sollen, ist es empfehlenswert, bereits im pelletierten Hauptfutter Ergänzungen wie Kräuter, Wildkräuter und Superfoods zu integrieren. Empfehlenswerte Zutaten können zum Beispiel Luzernegrünmehl, Bierhefe, Leinsaat, pflanzliche Öle (wie zum Beispiel das eben bereits aufgeführte Oreganoöl), Brennnesseln, Anissamen, Fenchelsamen, Seealgenmehl oder Minze sein. So haben die Wachteln und Hühner eine sichere, verlässliche Basis und können darauf aufbauend saisonal ergänzend gefüttert werden. Durch eine Kombination aus starker Grundmineralisierung und wertvollen Kräutern in einem Pellet haben die Tiere die stärkste Basis und können keine wichtigen Elemente aussortieren.

DIE SACHE MIT DEM SOJA

Soja wird häufig für seinen Eiweißgehalt und das enthaltene Aminosäureprofil geschätzt. Allerdings ist Soja in den meisten Fällen ökologisch durchaus als bedenklich einzustufen. Man geht davon aus, dass 80 % des weltweiten Sojas gentechnisch verändert ist. Besonders kritisch ist zu sehen, dass immer mehr Soja, was eigentlich nicht mit Gentechnik in Berührung kam, zusehends Spuren von Gentechnik aufweist. Auch wenn Südamerika die Hochburg des gentechnisch veränderten Sojas ist, können auch aus anderen Ländern gentechnisch veränderte Sojabohnen kommen.

Wer auf Soja verzichten möchte, kann das heute sehr gut tun. Selbstverständlich müssen Werte wie Rohprotein und Calcium trotzdem passen. Leider gibt es im Fachhandel teilweise Futter mit 10–14 % Rohprotein, was für deine Tiere noch nicht ausreichend ist. Mein persönliches Lieblingsfutter enthält Weizen, Mais, Sonnenblumenextraktionsschrot, Rapsextraktionsschrot, Calciumcarbonat, Kartoffeleiweiß, Luzernegrünmehl, Bierhefe, Leinsaat, Oreganoöl, Brennnesselkraut, Anissamen, Fenchelsamen, Seealgenmehl und Minze. Mit 18 % Rohprotein und 5,5 % Calcium sind die Tiere sehr gut versorgt.

Selbst gemachte Snacks und Leckereien können die Fütterung bereichern und wertvolle Kräuter und Superfoods an das Huhn oder die Wachtel bringen

Wenn die Tiere rundlich aussehen, lässt das noch lange nicht auf Übergewicht schließen. Unter- und Übergewicht muss man „erfühlen". Das Brustbein ist hier ein gutes Maß. Auch mit der Waage kann man seine Tiere kontrollieren.

Couch-Potato oder Sportler: Achtet auf das Gewicht

Zu einem regelmäßigen Gesundheitscheck gehört es auch zu prüfen, wie die Figur der Wachteln und Hühner ist. Sie sollten gesund genährt sein mit einer guten Muskulatur. Nicht zu dick. Und nicht zu dünn. Übergewicht belastet die Gelenke und den gesamten Körper stark. Untergewicht ist bei ausreichender Fütterung häufig mit einem gesundheitlichen Problem verbunden.

Eine Legewachtel frisst etwa 35–40 g am Tag. Ein Zwerghuhn etwa 70 g, ein Huhn einer Großrasse etwa 100 g. Natürlich ist das nur ein Richtwert und kann sich von Tier zu Tier unterscheiden, je nach Rasse, körperlicher Betätigung und Energieaufwand.

WORAN ERKENNT IHR UNTER- ODER ÜBERGEWICHT?

Eine untergewichtige Wachtel oder ein untergewichtiges Huhn fühlen sich zierlich, knochig, gebrechlich an. An der Brust ist das Brustbein deutlich zu spüren. Auch der Po ist recht knochig. Bei Übergewicht merkt ihr diese nicht oder kaum. Die Tiere wirken prall. Fetteinlagerungen sind deutlich zu erfühlen.

Zwerghühner füttern

Kleine Hühner – große Anforderungen: In manchen Aspekten unterscheiden sich Zwerghühner von großen Hühnern (im Bild die Rasse Deutsche Zwerg-Langschan).

Sind Zwerghühner eigentlich nur Mini-Hühner? Oder gibt es bei ihrer Fütterung etwas zu beachten? Die meisten Zwerghühner sind Miniaturzuchten unserer großen Rassen und es gibt sie dementsprechend normal groß und in der Zwergform. Einige wenige Zwergrassen, die sogenannten Urzwerge, gibt es nur in Klein.

Zwerghühner sind in vielen Fällen weniger auf ein regelmäßiges Eierlegen hin gezüchtet, als es bei den großen Rassen der Fall ist. Viele Züchter konzentrieren sich auf das perfekte Aussehen, den Richtlinien des Rassestandards entsprechend. Trotzdem sollte man dringend auf eine ausreichende Versorgung der Zwerge achten, damit keine Mangelerscheinungen auftreten.

WENIGER IST MEHR UND KLEIN, ABER FEIN

Es gibt einige Feinheiten, auf die in der Fütterung von Zwerghühnern besonders geachtet werden sollte. Zwerghühner essen nur etwa 70 g am Tag (wenn man von pelletiertem Futter ausgeht). Das sind etwa 30 g weniger als ihre großen Verwandten.

Mit der durchschnittlichen Pelletgröße können sich manche Zwerghühner schwertun. Vor allem in der Junghennenphase, wo die Zwerghuhndamen logischerweise noch kleiner als im ausgewachsenen Zustand sind, die reguläre Pelletgröße in den meisten Fällen aber schon der von adulten Großhühnern entspricht, kann die Verdauung erschwert werden. Aber glücklicherweise gibt es auch Futter mit kleineren Pellets.

Auch bei den sonstigen Futterbestandteilen ist dringend darauf zu achten, dass sie größengerecht angeboten werden. Große getrocknete Möhrenstücke, wie sie gerne in Fertig-Futtermischungen enthalten sind, oder zu grobe Kräuter können eine Verschluckungsgefahr darstellen oder im Kropf problematisch werden. Hackt frische Zutaten daher sorgfältig klein oder stellt sicher, dass eure Hühner sich selbst schnabelgerechte Stücke abpicken können.

Tipp: Möhren füttern

Prinzipiell haben frisch geriebene Möhren im Vergleich zu getrockneten Möhrenstücken den größeren Mehrwert.

Frühling

Mausern, Eier legen … Das Jahr der Hühnervögel beginnt

Mit dem Frühling müssen sich die Wachteln und Hühner einer ganz besonderen Herausforderung stellen: Die Mauser und der Beginn der Legeperiode treten meist recht zeitgleich ein. Jedes für sich stellt bereits eine große Aufgabe dar. In Kombination ist es umso herausfordernder. Aber die gute Nachricht zuerst: Die Natur hat sich genau darauf eingestellt. Mit einer starken, naturnahen Fütterung könnt ihr eure Wachteln und Hühner hervorragend unterstützen. Wichtig ist zu verstehen, dass sowohl unsere Legewachteln als auch unsere domestizierten Hühnerrassen auf eine im Vergleich zu den wilden Vorfahren sehr viel höhere Legeleistung gezüchtet wurden. Das gilt es, dauerhaft in der Fütterung zu beachten. Eine Legewachtel oder ein Huhn, was in der Legeperiode nicht legt, hat in der Regel ein Problem. Ausgenommen davon sind natürlich Jungtiere und Senioren. Der aus der Hobbyhaltung stammende Grundgedanke „Meine Tiere müssen nur legen, wenn sie auch Lust dazu haben“ entstammt leider einem falschen Verständnis.

Der Vollständigkeit halber sei hier erwähnt, dass es durchaus auch Fütterungsansätze gibt, die ein übernatürlich starkes Legeverhalten fördern. Exorbitante Rohproteinanteile von über 20 % im Futter für adulte Wachteln sind hier ein gutes Beispiel. Außerdem kann ein zu hoher Rohproteinanteil im Futter Erkrankungen wie Legenot fördern. Diese endet in vielen Fällen leider tödlich.

Ein gesundes, naturnahes Futter kombiniert bewährte Klassiker, die zur Grundversorgung durchaus wichtig sind, mit bekömmlichen Superfoods.

DAS BIO-DILEMMA

Laut aktueller Rechtslage dürfen in Deutschland maximal 5 % eines biologischen Produktes aus nicht-biologischen Zutaten bestehen. Das macht besonders

Gut gestärkt startet die erste große Leistungsphase des Jahres am besten.

bei Wachteln, durch ihre hohen Ansprüche an Nährstoffe, Vitamine, Mineralien und Co., eine wirklich ausgewogene Zusammensetzung kaum möglich. Die grundlegenden Zutaten wie Bio-Weizen oder Bio-Mais stellen dabei weniger ein Problem dar, als es wertvolle Zusätze wie Oreganoöl, Brennnesseln, Minze oder gar Bierhefe in Bio-Qualität tun. Viele Superfoods sind entweder als Futtermittel in Bio-Qualität kaum erhältlich oder sehr teuer. Das führt dazu, dass viele Bio-Futtermittel sehr verschlankte Rezepturen aufweisen und das Futter täglich mit viel Liebe zum Detail ergänzt werden muss, um wieder zurück zur naturnahen Fütterung zu finden bzw. überhaupt vollständig versorgte Tiere zu haben.

STELL DIR VOR, ES IST FRÜHLING – UND NIEMAND LEGT EIN EI

Kommen wir zurück zur Frage, die uns vor dem Ausflug in die Welt der Bio-Futtermittel beschäftigte: Welche Probleme könnte deine Wachtel oder dein Huhn haben, wenn es im Frühling nicht zu legen beginnt?

Im Rahmen dieses Buches fokussieren wir uns auf die Probleme mit fütterungstechnischem Zusammenhang. Aber zuerst einmal zur Erläuterung: Die natürliche Legepause bei Wachteln und den meisten Hühnerrassen geht „von O bis O“ – von Oktober bis Ostern. Durch die mittlerweile fast sommerlichen Herbstverläufe hat sich der Beginn der

Der Frühling bringt der Blauschuppenwachtel eine schöne Abwechslung: Sie inspiziert in die Voliere gelegte Apfelbaumzweige und nascht an den Blüten.

Legepause in vielen Fällen nach hinten verschoben. Bis Ostern dauert sie in der Regel aber trotzdem weiterhin.

Beginnen deine Hennen nun nach Ostern nicht langsam mit dem Legen, können Nährstoffmängel ein Grund dafür sein. Prüfe also deine Fütterung auf alle relevanten Aspekte wie Rohprotein, gesunde Lipide (Fette), essenzielle Aminosäuren wie Lysin und Methionin sowie Calcium. Ich persönlich empfehle 5,5 % Calcium und ungefähr 18 % Rohprotein im Hauptfutter. Wachteln benötigen das ohnehin und bei Hühnern kann so eine größere Menge an Grünfutter und Co. ausgeglichen werden. Gesunde Fette findet ihr hervorragend in hochwertigen Kräuter- und Pflanzenölen.

Was sind Endoparasiten?

Als Endoparasiten (von *endo* = innen, und griechisch *parasitos* = Schmarotzer) werden Organismen bezeichnet, die im Inneren eines anderen Organismus über längere Zeit oder gar ihr ganzes Leben lang leben. Sie entziehen parasitisch Nahrung. Bei Wachteln und Hühnern sind Würmer und Kokzidien die bekanntesten Beispiele. Aber auch Leberegel und andere Parasiten können relevant werden. Im Gegensatz dazu bezeichnen Ektoparasiten Parasiten, die sich von außen auf dem Tier aufhalten, wie Federlinge oder Milben.

Auch ein zu hoher Anteil von wertarmen Fütterungsbestandteilen kann eine „Verwässerung" des Futters begünstigen – ein gutes Beispiel ist hier der klassische Supermarkt-Eisbergsalat.

Eine weitere Möglichkeit können Mängel sein, die beispielsweise durch einen Ektoparasitenbefall entstehen. Wachteln und Hühner, die massiv von der Roten Vogelmilbe heimgesucht werden, stellen das Legen regelmäßig ein. Der Lebenserhalt hat hier Vorrang. Denn ein Milbenbefall endet nicht selten tödlich. Daher solltet ihr hier immer sehr schnell handeln. In der Fütterung könnt ihr mit natürlichen Eisenquellen, wie Sesam oder Spinat, unterstützen.

Achtung: Bei einem Ektoparasitenbefall muss immer direkt an einen Endoparasitenbefall gedacht werden. Denn Ektoparasiten schwächen das Immunsystem, was den Weg für Endoparasiten optimal vorbereitet. Daher lieber einmal mehr eine Darmkur einlegen!

Weitere mögliche Gründe sind Fressfeinde (sie führen zu Stress und beeinträchtigen so die Tiere), Stress allgemein, Krankheiten und Schichteier. Bei Schichteiern werden die Eier fehlerhaft produziert, sie legen sich umeinander. Das kann für die Hennen tödlich enden.

Frühling – Welche Leckereien haben jetzt Saison?

Manche Kräuter könnt ihr jetzt sogar auf Vorrat für das ganze Jahr sammeln, so wie ich hier den Löwenzahn.

WILDKRÄUTER IM FRÜHLING

Bärlauch
Giersch
Knoblauchsrauke
Spitzwegerich
Breitwegerich
Gänseblümchen
Löwenzahn
Brennnessel
Taubnessel
Wiesen-Labkraut
Kletten-Labkraut
Vogelmiere
Huflattich
Thymian
Himbeerblätter
Scharbockskrautblätter (nur von Februar bis März ernten!)
Duftveilchen
Gundermann
Geflecktes Lungenkraut
Fichtentriebe
Birkenknospen und später auch -blätter
Haselnussblätter

Gundermann kann auch hervorragend bei Ballenabszessen genutzt werden. Sowohl innerlich als auch als Salbe oder Kompresse.

Löwenzahn, Gundermann, Gänseblümchen, Fichtenspitzen und viele weitere Schätze warten jetzt in der Natur.

März

Gemüse

Rote Bete
Chicorée
Chinakohl
Feldsalat (Rapunzeln)

Löwenzahnwurzeln sind im Frühjahr besonders reich an Bitterstoffen. Es empfiehlt sich also, zu diesem Zeitpunkt gesammelte Wurzeln zu trocknen und das ganze Jahr zur Unterstützung gegen Endoparasiten wie Würmer zu nutzen. Die Blätter und Blüten können ganzjährig gefüttert werden.

Die Innenrinde der Birke, sprich die Rinde, die unter der schwarzweißen Rinde liegt, und die Knospen sind im Frühling ein absolutes Highlight. Bitte nur die Rinde von gefällten Bäumen oder von beispielsweise Sturmschäden verwenden, da sonst die Bäume stark verletzt werden können.

April

Gemüse

Chicorée
Chinakohl
Kopfsalat
Lollo Rosso
Rucola
Radieschenblätter

Mai

Gemüse

Chicorée
Chinakohl
Feldsalat (Rapunzeln)
Rucola
Radieschen und Radieschenblätter

Blüten

Löwenzahn
Gänseblümchen
Magnolienblüten
Obstbaumblüten
Holunderblüten

Ein Herzensanliegen dieses Buches ist es, euch ganzjährig besonders empfehlenswerte Pflanzen mit an die Hand zu geben – daher findet ihr zu jeder Jahreszeit eine entsprechende Auflistung. Von den genannten Pflanzen empfehle ich euch, alle oberirdischen Pflanzenbestandteile zu verfüttern. Nur harte Stiele sollten nicht angeboten werden, da es zum Verschlucken kommen kann. Wenn es auch empfehlenswerte Wurzeln gibt, nenne ich diese separat.

Gesundheitsbooster Darmkur

Der Darm gilt beim Menschen als Zentrum der Gesundheit. Spoileralarm: Das ist bei Wachteln und Hühnern gar nicht so anders. Denn auch bei ihnen spielen sich viele Vorgänge im Darmbereich ab, die essenziell für Immunsystem und Wohlbefinden sind. Hinzu kommt bei den beiden Arten, dass sie zusätzlich stets dem Risiko eines Kokzidien- und Würmerbefalls ausgesetzt sind. Und auch wenn sich durchaus mal eine Kokzidie in den Darm eurer Tiere verirren darf, so ist und bleibt ein ausgeprägter Endoparasitenbefall lebensgefährlich.

Nun wird bei vielen der Gedanke aufkommen: Kein Problem, dafür gibt es ja regelmäßige Wurmkuren. Leider ist es ein Irrglaube, dass eine regelmäßige medikamentöse Entwurmung hier vorbeugen kann. Das ist totaler Murks, was glücklicherweise auch immer mehr vogelkundige Tierärzte so sehen. Denn eine Entwurmung wirkt niemals vor-

Die Zutaten der Darmkuren kann man zusammen mit geraspeltem Gemüse auch gut in Förmchen pressen, etwas antrocknen lassen und als Pickspaß verfüttern.

Tipp: Kotuntersuchung auf Endoparasiten

Bei Bedarf kann man eine Kotprobe entweder über den Tierarzt oder direkt in einem Labor analysieren lassen und so feststellen, ob tatsächlich ein Befall mit Endoparasiten vorliegt.

beugend. Sie wirkt – und das auch nicht immer – nur in dem Moment der Medikamentengabe gegen einen in diesem Moment vorliegenden Befall. Und auch nicht alle Anthelminthika (Antiwurmmittel) helfen gegen alle Stadien der unliebsamen Endoparasiten. Viele helfen nur gegen die adulten Parasiten, nicht aber gegen Vorstufen wie Eier oder Larven.

Zusammengefasst bedeutet das konkret: Eine Wurmkur hilft nicht vorbeugend, sondern nur bei einem akuten Befall. Eine Wurmkur kann aber ein wertvolles Instrument sein, vor allem bei einem starken Befall. Aber: Überall, wo eine medikamentöse Wirkung ist, ist auch eine Nebenwirkung. Und die zeigt sich in vielen Fällen in einer Schwächung des Darmes und der natürlichen, körpereigenen Abwehr gegen die unliebsamen Endoparasiten, was wiederum einen erneuten Befall begünstigt. Daher meine ganz klare Empfehlung: Macht regelmäßig eine starke naturnahe, pflanzliche Darmkur! Die unterstützt ganzheitlich und kann Endoparasiten das Leben schwer machen.

Denkt man an Darmkur, denken die meisten direkt an Leinsamen und Flohsamenschalen. Aber Achtung: Normale, braune Leinsamen enthalten Blausäure. Die kann zwar durch ein Aufkochen unschädlich gemacht werden, aber nicht immer sind die Zeit und die Möglichkeit vorhanden. Daher mein Tipp: Setzt direkt auf Alternativen, die ausschließlich blausäurefreie Leinsamen enthalten. Das ist für den Hersteller und damit natürlich auch ein Stück weit für euch teurer, aber es lohnt sich.

Sicherlich habt ihr schon einmal von den vielen positiven Aspekten einer Darmkur gehört. Aber habt ihr die auch schon einmal für eure Wachteln und Hühner angewandt? Und wusstet ihr, dass ihr das im optimalen Fall sogar einmal pro Jahreszeit machen solltet? Und dass es zwischen den Jahreszeiten Unterschiede bezüglich Zutaten und Anwendungszeitraum gibt?

Keine Sorge: Wir gehen das Thema gemeinsam, langsam und strukturiert an. Dazu schauen wir uns die fünf wichtigen W-Fragen an:

- Warum?
- Wem?
- Was?
- Wann?
- Wie?

WARUM EIGENTLICH EINE DARMKUR?

Eine Darmkur hat das Ziel, die Darmflora zu stärken, damit das Immunsystem intensiv zu fördern und gleichzeitig die Lebensbedingungen für Endoparasiten wie Würmer oder Kokzidien zu verschlechtern. Kurz: Fit machen und Wurm und Co. Hausverbot erteilen. Zusätzlich können regelmäßige Darmkuren die Futterverwertung optimieren und somit alle Stoffwechselvorgänge unterstützen. Auch beispielsweise die Mauser. Durch regelmäßige und richtig strukturierte Darmkuren hilfst du deinen Wachteln und Hühnern also, die natürliche, körpereigene Abwehr zu stärken.

WER PROFITIERT VON DER DARMKUR?

Am besten solltest du mit allen deinen Wachteln und Hühnern eine Darmkur machen. Denn: Dein ganzer Bestand braucht diese Stärkung und soll ja davon profitieren. Ein Fehler ist es, nur schwächelnde Tiere damit zu versorgen. Küken sollten schon solide das Teeniealter erreicht haben; bei Wachteln sind das ca. 5 Wochen, bei Hühnern ab ca. 9 Wochen. In die andere Richtung gedacht sind Darmkuren auch eine prima Sache, sprich deine Seniorenwachteln und -hühner können problemlos davon mitnaschen.

Da meine Rezepte immer auf pflanzlichen Wirkmechanismen beruhen und damit absolut natürlich und schonend sind, kannst du jederzeit auch die tierischen Produkte deiner Tiere, wie Eier oder Fleisch, verzehren. Und die dürften sogar noch etwas leckerer schmecken als sonst. Du musst keinerlei Wartezeiten beachten, wie es bei medikamentösen Mitteln häufig der Fall ist.

WAS KOMMT DA NUN EIGENTLICH REIN?

Bevor wir zu den eigentlichen Zutaten kommen, noch ein Hinweis: Einige Zutaten sind als frisch angegeben, andere als getrocknet. Das ist Absicht und sollte, wenn möglich, auch so umgesetzt werden.

Die richtige Darm-Unterstützung ist lecker, gesund und bekömmlich, wie beispielsweise ein „Warmes Näpfchen" mit frischen Beeren, Kräutern und Hirse.

WIE LANGE SOLLTEST DU DIE KUR ANWENDEN?

Du solltest die Darmkur 2–3 Wochen lang füttern. In der ersten Woche täglich. In den Folgewochen alle 2 Tage. Gerne kannst du die Darmkur-Rezepte auch zwischendurch immer mal wieder anbieten.

UND WIE BIETEST DU DAS GANZE AM SCHLAUESTEN DEINEN TIEREN AN?

Hühner stehen in der Regel total auf den Geschmack der genannten Kuren. Aufpassen musst Du, abhängig von der Anzahl deiner Hühner, dass auch die rangniederen Hühner genügend abbekommen. Sollten deine ranghohen Hühner den anderen nichts übrig lassen, kannst du den Anteil von Möhren erhöhen, sodass die Menge besser aufgeteilt wird. Möhren unterstützen die Wirkung der Darmkur und erhöhen das Volumen.

Wachteln müssen sich meist erst an den Geschmack gewöhnen und schauen erst einmal ein wenig verwirrt auf ihre Darmkur. Keine Sorge, das ist bei den kleinen Gourmets normal. Du kannst gegebenenfalls noch ein wenig Hirse untermischen und das Hauptfutter 1 Stunde vor der Gabe der Darmkur herausnehmen. Wenn sie erst einmal gemerkt haben, wie lecker es ist, fressen sie es in der Regel ohne weitere Bemühungen.

Ein Abenteuerspielplatz auf Zeit: Lass einen Streifen wilde Kamille, wilden Mohn, Schafgarbe und Co. wachsen und deine Tiere temporär die Blütenvielfalt genießen – und vor allem picken.

Die Darmkur im Frühjahr

Folgende Kräuter, Gemüse- und Obstarten eignen sich für eine Frühjahrs-Darmkur:

Getrocknet: Schwarzkümmelsamen, Spitzwegerich, Löwenzahn, Bockshornkleesamen, Rosenblütenblätter, Petersilie, Rosmarin, Hagebutten (gemahlen), Thymian, Oregano, Majoran

Frisch aus Wald oder Wiese (bitte unbedingt ungespritzt, also vorsichtig sein bei Feldrändern usw.): Löwenzahn (Blätter und vor allem Wurzeln), Birkenknospen, Taubnessel, Kletten-Labkraut, Brennnessel

Frisch aus der Küche: Möhren, Kurkumawurzel, Schwarzkümmelöl

Alle Zutaten bei Bedarf klein hacken und direkt anbieten.

Darmkur Frühling

Alle Zutaten vermischen und direkt frisch anbieten. Sollten deine Tiere noch sehr zaghaft sein, nimm das Hauptfutter ruhig mal kurz raus, sodass sie ihre Darmkur in Ruhe aufessen können. Auch ein wenig Hirse kann als Appetitanreger untergemischt werden. Von Mehlwürmern solltet ihr in diesem Zusammenhang Abstand nehmen.

Wer keinen „Vitallöffel" nehmen möchte, kann die Kräuter auch einzeln zusammenmischen. Dazu benötigt ihr jeweils getrocknet: Schwarzkümmelsamen, Spitzwegerich, Löwenzahn, Bockshornkleesamen, Rosenblütenblätter, Petersilie, Rosmarin, gemahlene Hagebutten, Thymian, Oregano und Majoran.

Für ca. 5 Hühner oder 15 Wachteln:
3 EL „Vitallöffel" (Bezugsquelle Seite 126)
frische Löwenzahnblätter, Löwenzahnwurzeln, Birkenknospen, Taubnesseln, Kletten-Labkraut und Brennnesseln, zu gleichen Anteilen fertig gehackt, zusammen etwa 1 kleine Tasse voll
1/2 Tasse klein geraspelte Möhren
1/2 Kurkumawurzel (ca. 2,5 cm Länge), klein geraspelt
2 EL Schwarzkümmelöl

Tipp: Du hast zu viel zubereitet?

Gar kein Problem! Bereite das, was du zu viel hast, einfach als Tee zu und biete ihn anstatt Wasser an. Bitte den Tee nicht länger als 5 Minuten ziehen lassen!

Frühlings-Smoothie

Im Spätfrühling erhält man meist bereits die ersten heimischen Erdbeeren. Diese lassen sich mit nur zwei weiteren Zutaten zu einem echten Superfood-Smoothie verzaubern.

Erdbeeren (oder deren Schnibbelreste), frische Birkenblätter und frische junge Brennnesseln einschließlich Wurzeln mit etwas Wasser in einen Mixer geben und gründlich zerkleinern. Direkt frisch anbieten.

Tipp: Smoothies füttern

Wachteln und Hühner nehmen Smoothies viel lieber an, wenn man die flüssigen und die festen Bestandteile voneinander trennt und beides separat anbietet. Also einfach den Smoothie absieben, den flüssigen Teil als Wasserersatz geben und den festen Teil mit etwas Hirse oder anderen Leckereien als Snack präsentieren.

Kletten-Labkraut: Schon gewusst?

Eine universitäre Studie konnte nachweisen, dass Inhaltsstoffe des Kletten-Labkrautes gegen Methicillin-resistente Arten von *Staphylococcus aureus* wirken. *Staphylococcus aureus* sind in den meisten Fällen bei Hühnern und Wachteln der Auslöser für Staphylokokkose, einer Infektionskrankheit, und gelten als multiresistente Bakterien. Symptome können sein: Lungenentzündung, Entzündungen im Schnabel-, Nasen- und Rachenbereich oder Gelenkentzündungen. Da die Symptome meist recht unspezifisch sind, hat man diese Erreger häufig (zu) spät im Verdacht. Daher sollte Kletten-Labkraut im besten Fall regelmäßig auf dem Speiseplan stehen.

Eine Darmkur ist für Hühner, Lege- und Zierwachteln (im Bild die Kalifornische Schopfwachtel) und andere Ziervögel in der Voliere wie Prachtfinken, Kanarienvögel und Wellensittiche gleichermaßen wertvoll.

Flauschi-Alarm – Jetzt sind die Küken los

Wichtig: Querbeet, querwald, querwiese naschen sollten erst die adulten Wachteln und Hühner. Im Kükenalter ist hier noch Vorsicht geboten. Dennoch gibt es aber natürlich Wildkräuter und Saaten, die eine starke Entwicklung und damit gesunde Küken fördern.

Wichtig bei der Fütterung von Küken ist, dass ihr Wildkräuter und Co. nur in schnabelgerecht klein gehackten Stücken anbietet. Sonst können sich die Kleinen schnell verschlucken und im schlimmsten Fall sogar ersticken. Besonders bewährt haben sich in der Kükenaufzucht:

- Brennnessel und
- Brennnesselsamen
- Kamille
- Oregano
- Thymian
- Majoran
- Mohn
- Hirse

Hervorragend kombinieren könnt ihr diese Superfoods mit beispielsweise gekochtem und klein gehacktem Ei. Oregano und Majoran sind besonders aufgrund ihrer nachgewiesenen Wirkung gegen Kolibakterien zu empfehlen. Aber auch gegen Kokzidien haben sie sich bewährt und sind aus einer naturnahen Aufzucht nicht mehr wegzudenken. Oregano kann durchaus täglich angeboten werden und ist im besten Fall sogar noch zusätzlich im Kükenfutter enthalten.

Die Verantwortung für einen optimalen Start ins Leben liegt größtenteils in unseren Händen, im Bild ein Küken der Roten Baumwachtel.

Einige Wildkräuter können zusammen mit gehacktem Ei ein toller Snack schon für die Kleinsten sein.

MOHN BEI DURCHFALL

Du bist dir unsicher, ob deine Küken Kokzidien haben? Anzeichen für die sogenannte Kükenruhr sind Durchfall, Abgeschlagenheit und eine magere Gesamtkonstitution. Sicherheit kann dir hier eine Kotprobe geben, die du selbst ins Labor schicken kannst oder über den Tierarzt beauftragst.

Schnelle Linderung bei Durchfall bietet deinen Küken vor allem der Blaumohn. Aber merke: Blaumohn wirkt nur gegen das Symptom. Nicht gegen die Ursache. Aber besonders bei Küken ist eine schnelle Symptomlinderung in der Regel zu empfehlen, da sie sonst zu viel Flüssigkeit verlieren. Aber im Fokus muss die Ursachenbekämpfung liegen. Nur so kann deinen Küken wirklich nachhaltig geholfen werden.

BRENNNESSELN FÜR ALLE LEBENSLAGEN

Brennnesseln sind ohnehin *das* Superfood aus deinem Garten. Sie sollten dauerhaft in deine Fütterung sowohl bei Wachteln als auch bei Hühnern integriert werden. Egal, ob frisch oder getrocknet. Deswegen habe ich sie am liebsten schon im Hauptfutter enthalten. Auch für Küken sind sie regelmäßig zu empfehlen. Und auch die Brennnesselsamen sind ein absolutes Highlight – und gleichzeitig noch richtige Proteinbomben. Schon wenige Samen, über das Futter gestreut, genügen.

Meine Empfehlung

Pro 5 Hühnerküken bzw. 10 Wachtelküken 1 EL Brennnesselsamen täglich.

HIRSE UND ANDERE SAATEN

Sie sind eine hervorragende natürliche Quelle für gesunde Fette und Fettsäuren. Auch sie können täglich dein Kükenfutter bereichern. Sie sollten aber nicht mehr als ein Fünftel des Gesamtfuttervolumens ausmachen.

DAS RICHTIGE KÜKENFUTTER

Oh, welch ein schwieriges Thema! Und eigentlich doch so einfach. Während man bei adulten Tieren mit einem guten, starken Futter (wie dem „Kräuterkorn“ aus meinem Green Pet Shop, Seite 126) beide Arten abholen und optimal versorgen kann, ist das im Kükenalter nicht möglich. Zu unterschiedlich sind die Ansprüche der beiden Arten, was naheliegend ist, schaut man sich allein die Wachstumskurve von Hühnern und Wachteln an.

Aufgrund des enorm schnellen Wachstums brauchen Wachtelküken mindestens 27 % Rohprotein. Hühnerküken genügen 21 %. Dabei ist wichtig zu erwähnen, dass Hühnerküken einen so hohen Eiweißgehalt, wie ihn Wachtelküken benötigen, auch gar nicht bekommen sollten. Denn das kann zu Problemen in der Entwicklung führen. Die Rohproteine müssen in beiden Fällen eine gute Bekömmlichkeit haben und

Küken-Kräuter-Bowl

Für 7 Hühnerküken oder
15 Wachtelküken:
1 EL getrocknete Kamilleblüten
2 EL Hirse
1 EL getrockneter Oregano
1 kleine Handvoll frische Brennnesselblätter
1 EL Brennnesselsamen
1 Zweig Majoran
2 gekochte Hühnereier oder
8 gekochte Wachteleier

Alles schön klein hacken, vermischen und direkt frisch anbieten.

auch eine auf Küken spezialisierte Grundmineralisierung ist enorm wichtig. Besonders bei Wachtelküken muss das Futter Krümelgröße haben. Der geringere Anteil von Calcium im Vergleich zum Futter für adulte Tiere ist normal und in Ordnung. Im besten Fall enthält das Kükenfutter zusätzlich Bierhefe und Oregano.

TIERISCHE PROTEINE FÜR DEINE KÜKEN

Schaut man sich die wild lebenden Verwandten unserer Wachteln und Hühner an, wird schnell klar, dass tierische Proteine wie Insekten in der Aufzucht von wilden Hühnervögeln eine enorme Rolle spielen. Rebhühner beispielsweise ziehen ihre Jungen in ihrer Kette – so heißt der Verband aus den Eltern- und den Jungtieren – fast ausschließlich mit Insekten und anderen tierischen Proteinen in der ersten Zeit groß. Doch lässt sich diese Erkenntnis auch auf unsere Wachteln und Hühner übertragen? Jein.

Vorsicht: zum Fressen gern

Küken haben noch mehr natürliche Fressfeinde, als es die adulten Tiere ohnehin schon haben. Bei Freilauf oder Ausflügen nach draußen ist also stets große Vorsicht geboten.

Gemeinsam haben sie auf jeden Fall, dass besonders Wachteln mit ihrem Anspruch von mindestens 27 % Rohprotein im Futter einen sehr hohen Proteinbedarf haben. Eine Fütterung mit weniger Rohprotein behindert die Wachtelküken in ihrer gesunden Aufzucht und kann zu fehlerhaften Entwicklungen, einem schlechteren Immunsystem und schwachen Tieren führen. Im schlimmsten Fall können die Wachtelküken bei einer solchen Unterversorgung sterben. Hühnerküken brauchen nur etwa 20 % Rohprotein. Bei beiden Kükenarten müssen selbstverständlich alle Futterparameter kükenspezifisch sein. Ein passender Rohproteingehalt allein macht noch kein gutes Futter aus.

Naschen wie die Großen: Tierische Proteine sind für Küken, hier eine Harlekinwachtel, besonders wertvoll.

Aber bedarf es nun tierischer Proteine? In der Wachtel- und Hühnerfütterung werden klassisch Mehlwürmer, Soldatenfliegenlarven (Hermetialarven) oder Shrimps verwendet. Alle drei sind tierische Proteinquellen. Aber alle drei haben einen Haken.

Mehlwürmer

Mehlwürmer können getrocknet oder lebendig angeboten werden. Getrocknet sind sie zumindest für sehr junge oder kleine Küken eine Gefahr; sie könnten sich daran verschlucken. Lebendige Mehlwürmer können unter Umständen das Zehenpicken untereinander fördern, da Würmer und Zehen sehr ähnlich aussehen. Hinzu kommt, dass Mehlwürmer ein recht starkes Mundwerk haben und sich tatsächlich „festbeißen" können. Das kann für Küken eine Gefahr darstellen. Entweder sollte man also recht kühle (da dann unweglicher) und kleine Mehlwürmer füttern, oder man muss vor dem Füttern den Kopf entfernen. Oder man wartet einfach bis zur 3. Lebenswoche. Dann können die Kleinen den Würmchen recht gut gerecht werden.

Hermetialarven

Sie sind fettärmer als Mehlwürmer und haben einen gigantischen Vorteil: Sie können aus bewusster, deutscher Zucht bezogen werden. Die Mehrheit der Larven ist aber sicherlich günstiger Import. Leider sind einige Wachteln und Hühner bei Hermetialarven nicht ganz so aus dem Häuschen wie bei Mehlwürmern. Vielen schmecken sie aber auch sehr gut.

Hühnerküken kommen in der traditionellen Aufzucht leider oft zu kurz. Aber auch sie profitieren von einer hochwertigen Fütterung mit zusätzlichen tierischen Proteinen ungemein.

Gammarus

Gammarus (Bachflohkrebse) werden in der Größe, wie sie für Wachteln und Hühner geeignet sind, häufig wild gefangen. Nun ja, was die Artenvielfalt der Meere leider nicht besser macht. Ich empfehle auf jeden Fall, den Ursprung bei den relevanten Produkten zu hinterfragen und auf Wildfänge zu verzichten. Denn Gammarus sind ein fester Bestandteil der Nahrungskette des Meeres. Und die Meere leiden aktuell schon mehr als genug.

Wilde Snacks wie Ameisen und Co.

Alles kein Problem, denn ihr füttert das, was ihr im Garten findet? Das ist leider gar nicht so einfach. Viele heimische Insekten sind bereits geschützt. Zum Teil drohen empfindliche Geldstrafen. Und auch für eure Wachteln ist der Verzehr von heimischen Insekten oder Amphibien nicht immer risikofrei. Wusstet ihr beispielsweise, dass Würmer Würmer übertragen können? Regenwürmer stehen hier besonders im Fokus. Sie können diverse Wurmarten auf Wachtel und Huhn übertragen. Aber auch Leberegel können durch Ameisen oder Schnecken übertragen werden.

Wer also seine Tiere regelmäßig in der Natur schlemmen lässt, sollte auf jeden Fall eine regelmäßige Vorbeugung gegen Würmer und andere Endoparasiten betreiben. Super eignen sich hier unsere Darmkuren. Parallel dazu empfiehlt sich, regelmäßig eine Kotprobe analysieren zu lassen.

Quark und andere Milchprodukte

Wachteln und Hühner haben keine Laktase, ein bestimmtes Enzym, und können diese auch nicht bilden. Dementsprechend kann die in Milchprodukten enthaltene Lactose von ihnen gar nicht verdaut werden.

Gibt es alternative Proteinquellen?

Ja, die gibt es. Und die finden die Wachtel- und Hühnerküken auch so richtig

Küken-Bäuchlein-Tee

Für Hühnerküken und Wachtelküken:
1 TL getrockneter Oregano
1 EL getrocknete Hagebutten
1 Teebeutel Fencheltee
1 TL Honig

Die Menge, die Küken trinken, hängt stark von Art, Alter und Wetter ab und kann in den ersten 3 Wochen zwischen 10 und 60 ml schwanken.

Oregano und Hagebutten in ein Teeei oder in einen Teefilter geben. Fencheltee mit 500 ml kochendem Wasser übergießen, nach ca. 30 Sekunden das Teeei dazugeben. 6 Minuten ziehen lassen. Tipp: Den Tee niemals länger ziehen lassen, da der Oregano sonst bitter wird. Den Honig einrühren – fertig.

Lauwarm anbieten. Nach spätestens 24 Stunden erneuern.

lecker. Hervorragend eignen sich gekochtes, klein gehacktes Ei (mit Schale) oder Brennnesselsamen. Brennnesselsamen enthalten über 30 % Protein.

Keimfutter für deine Küken? Ja, bitte!

Keimfutter gehört zu den Naschereien, die die Küken bereits früh probieren dürfen. Denn neben vielen wertvollen Vitaminen glänzen Weizenkeime mit etwa 28 % Rohprotein! Damit entspricht der Rohproteingehalt dem des Kükenfutters. Natürlich sind Weizenkeime trotzdem nicht als alleiniges Kükenfutter geeignet und sollten nicht im Übermaß gefüttert werden. Als leckeres und gesundes Highlight sind sie aber gern gesehen.

Frisches Grün kann in einigen Ausnahmen, insbesondere in Form von Brennnessel, Oregano und Kamille, auch schon für die Kleinsten empfehlenswert sein.

In der Naturbrut zeigt die Glucke den Küken liebevoll die Welt. Bei der künstlichen Aufzucht müssen wir dies teilweise übernehmen.

Die Junghennenphase

Diese Phase zu berücksichtigen, ist bei Hühnern wichtiger als bei Wachteln. Der Grund liegt in der Zeitspanne der Aufzucht. Bei der kurzen Phase von nur etwa 6 Wochen, die eine Wachtel benötigt, um ausgewachsen zu sein, schließt sich die adulte Phase sehr rasch an das Kükenalter an. Bei Hühnern dauert die Phase des Heranwachsens etwa ein halbes Jahr. Bis zur Vollendung der 9. Woche sollten die Küken Kükenfutter bekommen. Damit

danach der hohe Proteingehalt des Kükenfutters eine solide Ausbildung aller erforderlichen Strukturen nicht behindert, sollte ungefähr in der 10. Woche auf ein Junghennenkorn umgestellt werden. Füttert man weiter Kükenfutter, würde das die Küken zu einer zu frühen Legereife führen.

Alternativ kann das Küken-Hauptfutter entsprechend mit Frischfutter so kombiniert werden, dass es eine „Verdünnung" der Nährstoffe zur Folge hat. Von der 10. bis zur 17. Woche sollte das Futter der jungen Hennen in Summe nur etwa 15 % Rohprotein haben. Bei den Hähnen spielt das weniger eine Rolle.

Und 1 Jahr später?

Happy Birthday: Ein gesunder (Geburtstags-)Kuchen

Für 6 Junghühner oder 24 Jungwachteln:
6 Hühnereier oder 24 Wachteleier
100 ml Rapsöl
300 g Vollkornmehl
1 Tasse saisonale frische Beeren, alternativ getrocknete Beeren
3 EL essbare Blüten (frisch oder getrocknet)

Die Eier samt Schale im Mixer zerkleinern, bis eine homogene schaumige Masse entsteht. Öl und Mehl unterrühren und zu einem gleichmäßigen Teig verarbeiten. Beeren und Blüten nur kurz unterheben, damit sie nicht zu sehr kaputtgehen.

Die Backzeit hängt letztendlich von der Form ab. In Muffinformen braucht der Teig etwa 20 Minuten, in einer Kastenkuchenform etwa 40–45 Minuten. Jeweils bei 180 °C backen.

Ihr möchtet es besonders lecker? Mit etwas Kokosöl oder Hermetialarvenfett (gibt's im Internet) und ein paar getrockneten Würmchen könnt ihr schnell und einfach eine leckere Glasur zubereiten: Das Öl oder Fett schmelzen, die Würmer dazugeben und alles auf dem Kuchen verteilen. Abkühlen lassen – fertig!

Wenn aus Frühling langsam Sommer wird ...

Die Übergangsphase vom Frühling zum Sommer ist für die Fütterung unserer Wachteln und Hühner für das ganze Jahr über wichtig. Und kann daher fast als fünfte Jahreszeit gesehen werden. Denn genau jetzt könnt ihr aus der Natur wahre Schätze gewinnen. Von Mai bis Juni empfehle ich euch ganz besonders, die folgenden Rezepturen für den Vorrat zuzubereiten:

- Tannen- und Kieferspitzensirup
- Löwenzahnblütensirup
- Gänseblümchensirup
- Gundermann-Ölauszug (Der Gundermann kann bereits ab März gepflückt werden.)

Natürlich könnt ihr Tannenspitzen, Löwenzahn, Gänseblümchen und Co. auch hervorragend pur und frisch verfüttern.

Gundermann-Ölauszug

Für ca. 200 Milliliter:
2 Handvoll frische Gundermannblätter
200 ml gutes Pflanzenöl, beispielsweise Rapsöl
15 g Lanolin

Die Blätter von den Stängeln lösen und in einen kleinen Topf geben. Öl und Lanolin dazugeben. Bei geringer Hitze schonend aufkochen. Sobald das Kräuter-Öl-Gemisch kocht, vom Kochfeld nehmen. Den Topf samt Inhalt für ca. 2 Stunden in ein heißes Wasserbad stellen.

Im Anschluss das Gemisch 2 Tage ziehen lassen. An beiden Tagen die Mischung jeweils noch einmal in einem Wasserbad erhitzen. Nun kann der Gundermann-Ölauszug gefiltert werden. Ein Teesieb zum Beispiel eignet sich gut.

Der Gundermann-Ölauszug ist zur äußeren Anwendung gedacht, zum Beispiel ist er hervorragend für Ballenabszesse geeignet oder auch für schwer heilende Wunden. Etwa 1 Jahr haltbar.

Hustensirup für Wachteln und Hühner

Alle Kräuter grob zerkleinern und mit 1 l Wasser in einen Topf geben. Zum Kochen bringen und 10 Minuten auf kleiner Flamme ziehen lassen. Vom Herd nehmen und das Gemisch nochmals 2–3 Stunden ziehen lassen. Im Anschluss abseihen.

Für die zuckerhaltige Variante: Den Zucker zur Flüssigkeit geben, alles einmal kurz aufkochen und köcheln lassen. Je länger ihr es köcheln lasst, desto dickflüssiger und sirupartiger wird es. Aber desto mehr Inhaltsstoffe werden auch zerkocht. Durch den Zucker ist der Hustensirup sehr lange haltbar – im Kühlschrank etwa 1 Jahr.

Für die zuckerfreie Variante: Den Honig zur Flüssigkeit geben und alles einmal kurz aufkochen. Abkühlen lassen. Der erkaltete Hustensaft muss nun eingefroren werden, da die Honigmenge nicht zur Konservierung genügt. Eiswürfelformen eignen sich besonders gut. Später kann immer die richtige Menge aufgetaut werden.

In beiden Formen kann der Hustensirup bzw. -saft einfach ins Trinkwasser gegeben werden, sodass die Hühner und Wachteln gut versorgt sind. Pures Wasser muss nicht zusätzlich angeboten werden.

Für 1 Liter:
2 Handvoll frische Minze
5 EL Fenchelsamen
2 Handvoll frischer Thymian
1 Handvoll frischer Gundermann
1 Handvoll frische Fichtenspitzen
1 Handvoll frische Kiefernspitzen
20 frische Spitzwegerichblätter
800 g Zucker, alternativ für die zuckerfreie Variante 4 EL Honig

Tipp: Wenn der Hustensaft zum Eistee wird

Hühner und Wachteln können nicht klassisch schwitzen, daher freuen sie sich über Abkühlung von innen. Wie wäre es mit einem leckeren Eistee? Um bei besonders hohen Temperaturen die Flüssigkeitsaufnahme zu optimieren, kann auch eine kleine Menge des Saftes – ganz ohne Infekt – ins Trinkwasser gegeben werden. Die pflanzlichen Extrakte tun euren Tieren auch im Sommer gut. Hier empfiehlt es sich, 3–4 EL pro Liter Trinkwasser zu verwenden.

Fütterung von Glucken während der Brut

Wenn der Frühling langsam zum Sommer wird, lässt auch die erste Glucke meist nicht lange auf sich warten. Das gilt schon lange nicht mehr nur für Hühner. Auch Wachteln entscheiden sich in artgerechten, tollen Hobbyhaltungen immer mehr dafür, ihrem Bruttrieb zu folgen. Korrekter ausgedrückt: Eben diese Haltungen sind dafür verantwortlich, dass auch Legewachteln wieder häufiger einen Bruttrieb verspüren.

Der Brutvorgang ist für die Henne ein sehr kraftraubender Akt. Hinzu kommt, dass besonders Hühner beim Brüten oft von Ektoparasiten heimgesucht werden. Und da sie ihr Nest kaum verlassen, sind sie für diese ein gefundenes Fressen.

Da mit dem Brüten auch eine Erhöhung der Körpertemperatur einhergeht, was eine enorme körperliche Anstrengung darstellt, sollte die Glucke unbedingt auch Futter und Wasser an ihrem Nest angeboten bekommen. So mergelt sie während der Brut nicht zu stark aus und kann eine vitalere Glucke für ihre Küken sein.

Durch das vermehrte Sitzen auf dem Nest stellt sich die Darmaktivität der Glucke um. Wertvolle Kräuter und Wildkräuter können die Fütterung nun bereichern und dürfen täglich in kleinen Mengen angeboten werden. Allerdings frisst die Glucke während der Brut in der Regel weniger, was in der Fütterung zu beachten ist. Die Gesamtnährstoffdichte sollte hoch sein, um die geringere Menge so gut wie möglich zu kompensieren. Ballaststoffe dürfen reduziert werden, also wenig Gemüse und ballaststoffreiche Futterbestandteile, damit die Glucke nicht zu oft das Nest verlassen muss, um Kot abzusetzen. Ein zu häufiges Aufstehen kann das Brutklima empfindlich stören. Kalorienreiche Snacks wie Hirse, Sonnenblumenkerne, Hanfsaaten, „Atemlöffel“ (Bezugsquelle Seite 126) oder gehackte

Die Fütterung einer Glucke bedarf besonderer Sorgfalt während des Brütens. Nach dem Schlüpfen der Kleinen darf sie vorübergehend Kükenfutter mitfressen.

Eine gute Kräuterauswahl kann sowohl bei der Glucke als auch bei ihren Küken Darm, Immunsystem und Wohlbefinden stärken.

Kürbiskerne dürfen jetzt gern häufiger gereicht werden.

Wenn die Küken schlüpfen, brauchen diese dringend ein gutes Kükenfutter für die Aufzucht. Küken sollten niemals mit normalem Lege- oder Körnerfutter großgezogen werden (Seite 40).

Die führende Glucke legt in der Regel noch nicht wieder, sodass sie das Kükenfutter mitessen darf. Sobald die Glucke wieder mit dem Legen beginnt, muss sie von den Küken getrennt und ihre Fütterung entsprechend wieder angepasst werden. Denn der hohe Eiweißgehalt vom Kükenfutter kann sowohl bei Wachteln als auch bei Hühnern schnell zu einer tödlich endenden Legenot führen.

Sommer

Hitze, Sonnenschein und andere Herausforderungen

Endlich Sommer. Endlich Sonne satt. Aber Achtung: Sommer bedeutet auch Legeperiode. Hitze. Milben. Federlinge. Kokzidien. Und Hähne voller Hormone.

Während der Legeperiode, die jetzt im Sommer auf Hochtouren läuft, muss darauf geachtet werden, dass die Wachteln und Hühner ausreichend mineralisiert versorgt werden. Die Problematik der Calciumunterversorgung beispielsweise wurde ja bereits auf Seite 14 erklärt. Tatsächlich ist das bei Hühnern erfahrungsgemäß häufiger problematisch als bei Wachteln. Der Grund ist naheliegend: Da Hühner in der Regel mehr Freilauf haben, wird davon ausgegangen, dass sie sich ihr Futter schon selbst suchen, zumindest größtenteils. Bis heute existieren Ratschläge von selbsterkorenen Selbstversorgern, die besagen, dass Hühner mit Freilauf im Sommer gar nicht gefüttert werden müssen, da sie sich alles suchen, was sie benötigen. Wie bereits erläutert: Hühner und Wachteln leiden still. Eine Mangelversorgung darf gar nicht erst entstehen. Denn auch mit gebrochenem Brustbein, aus Calciummangel resultierend, werden unsere Hühner noch weiter Eier legen. Es liegt in unserer Verantwortung, ihnen alle Voraussetzungen für ein gesundes, glückliches Leben zu bieten.

Und natürlich fühlen sich auch Milben und Co. bei Wärme so richtig wohl. Hier kann über die Fütterung sehr gut unterstützt werden! Denn viele Repellenten, also Mittel zur Abschreckung, werden über die Fütterung aufgenommen, um dann von innen heraus wirken zu können.

Vorsicht ist auch spätestens jetzt bei zu vielen Hähnen geboten. Denn während die Hähne im Frühling oft noch viel Zeit mit Rangordnungsstreitigkeiten verbringen, fokussieren sie sich im Sommer voll und ganz auf die Fortpflanzung selbst ... zum Leidwesen der Hennen.

Starke Hitze und Temperaturschwankungen können zudem enormen Stress bedeuten und das Immunsystem schwächen. Über die Fütterung können wir auch hier stärkend einwirken. Eine Optimierung der Flüssigkeitsaufnahme ist nur ein Beispiel.

Zu viele Hähne auf zu wenig Hennen kann zu massiven Verletzungen bis hin zum Tod einzelner Tiere führen. Im Bild sieht man eine sogenannte Hennenglatze.

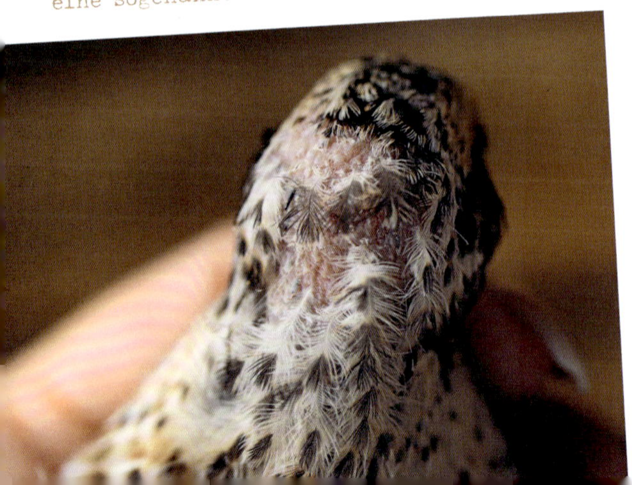

In die Voliere gelegte frische Zweige und Kräuter wie Birke, Haselnuss, Zitterpappel, Korkenzieherweide, Löwenzahn und Hornklee bieten Deckung und Entdeckungen; sie dienen dem Wohlfühlen und Snacken.

Ein Traumdschungel in eurer Voliere

Spätestens nach den Eisheiligen können wir in unseren Gärten die Ärmel hochkrempeln und mit der Bepflanzung starten! Und endlich tummeln sich die ersten Gemüsesprösslinge, Blumen, Gräser und Co. in unseren Beeten. Natürlich möchten wir es jetzt auch unseren Wachteln und Hühnern so richtig schön gemütlich machen. Und genau das ist gar nicht so einfach. Denn so niedlich, wie sie sind, so viel Chaos können unsere Zwerge im Freilauf machen.

Gelegentlich werden im Internet Seggen oder Schilfgräser empfohlen, da sie recht hartnäckig sein können. Allerdings muss die Bepflanzung sowohl widerstandsfähig sein als auch zu den klimatischen Bedingungen in der Voliere passen. Seggen und Schilfgräser benötigen es feucht, ihrer Heimat entsprechend. Wachteln und Hühner hingegen lieben es trocken.

Prinzipiell gilt es als Erstes zu überlegen:

- Möchte ich die Bepflanzung in den Boden einpflanzen oder mit Blumentöpfen arbeiten?
- Soll es dauerhaft oder saisonal sein?
- Ist mir die Optik oder der gesundheitliche Mehrwert wichtiger?

STRÄUCHER UND KRÄUTER DIREKT IN DEN FREILAUF PFLANZEN

Wenn man die Bepflanzung fest in den Boden einpflanzen möchte, gilt es darauf zu achten, dass dadurch die Absicherung gegen Fressfeinde nicht behindert wird. Kräutertöpfchen, eines der absoluten Highlights der Hühnervögel, werden in der Regel schnell verputzt, sodass sich ein Einpflanzen selten wirklich lohnt. Was sich recht gut bewähren kann, ist Rosmarin. Er benötigt allerdings eine gewisse Größe, zu kleine Pflanzen werden recht schnell gefressen.

Wenn die Größe und Ausprägung der Voliere dazu passen, eignen sich Sträucher sehr gut. Die können gleichzeitig gesunde Früchte liefern und so den Speiseplan eurer Tiere bereichern. Geeignet sind beispielsweise Johannisbeeren, Heidelbeeren, Himbeeren oder dornenfreie Brombeeren. Beeren bzw. Pflanzen generell mit einem starken Dornenbewuchs sind ein zu großes Verletzungsrisiko und sollten daher nicht gepflanzt werden. Sehr beliebt ist auch Holunder. An die weniger verträglichen Blätter gehen die Wachteln und Hühner in der Regel nicht heran. Umso beliebter sind die Holunderbeeren und auch die -blüten, die von vielen Vögeln gern aufgenommen werden und sich seit Langem auch in der Prävention gegen Endoparasiten wie Würmer und Kokzidien bewährt haben.

Dauerhaft und robust sind ebenfalls einige Grassorten. Hier sollten Arten gewählt werden, die gut mit einem trockenen Klima zurechtkommen. Auch eine gewisse Wuchsstärke ist von Vorteil. Wer es gerne ein wenig größer mag, für den ist *Miscanthus*, das Chinaschilf, eine attraktive Möglichkeit. Pampasgras ist in der Regel zu empfindlich und hat recht schlechte Chancen. Auch Bambus ist eine wuchsstarke Möglichkeit. Beachtet hier aber eventuell nötige Wurzelsperren.

Und apropos Repellenten: Auch die könnt ihr sehr gut einpflanzen! Lavendel, Minze und (nicht verlässlich winterharter) Eukalyptus eignen sich hier hervorragend.

Ein absoluter Hingucker ist immer auch eine saisonale Bepflanzung. Gleichzeitig können hier naturheilkundliche Aspekte optimal integriert werden. So wird der natürliche Verlauf des Futter-

Wachteln als ursprüngliche Dickichtbewohner lieben eine artgerechte Bepflanzung, in der sie wirklich „verschwinden" können.

angebots der Jahreszeiten aufgegriffen. Auch wenn die Zusammenstellungen nicht unendlich lange halten, so haben die Wachteln und Hühner sehr viel Freude daran, diese saisonalen Highlights zu entdecken. Das fördert den Scharr- und Bewegungsapparat, eine gesunde Neugier und ein entspanntes Sozialverhalten.

Auch wenn es für die Optik attraktiv ist: Bitte verzichtet auf giftige Pflanzen. Die Klassiker sind hier leider Thuja, Efeu, Eibe und Kirschlorbeer.

Tipp: Ungiftige Alternativen

Für viele giftige Pflanzen gibt es großartige ungiftige Alternativen:

Thuja » Tanne oder Fichte, gern auch ausgediente Weihnachtsbäume
Efeu » Hopfen; er ist noch wachstumsstärker und widerstandsfähig, nur leider nicht immergrün
Eibe » Tanne oder Fichte
Kirschlorbeer » Kornelkirsche oder Hainbuche

Gerettete Hennen aufpäppeln

Immer mehr Menschen möchten ausgedienten Legehennen oder generell Hühnern und Wachteln aus schlechter Haltung eine zweite Chance geben. Dieser ehrenwerte Ansatz ist allerdings gar nicht immer einfach. Denn der Aufbau und die Fütterung von solchen Tieren birgt viele Stolperstellen.

TRANSPORT UND UMSTALLUNG

Sowohl das Herausnehmen aus dem alten Stall als auch der Transport und letztendlich der Einzug in den neuen Stall bedeuten für die Hühner und Wachteln erst einmal Stress. Und Stress beeinflusst das Immunsystem, das ohnehin schon geschwächt ist. Auch wenn es den Tieren ab dem Zeitpunkt der Übernahme besser gehen wird, ist das Immunsystem unbedingt direkt von Beginn an zu stärken, damit es nicht zu diversen Infekten kommt und die körpereigenen Abwehrkräfte aktiviert werden können. Hier bietet sich eine Immunkur an. Aber Achtung, startet diese Immunkur unbedingt langsam. Denn keine ausgediente Legehenne ist es gewohnt, frische Kräuter, Wildkräuter und ähnliche Highlights zu bekommen. Eine Immunkur für Legehennen könnte wie folgt aufgebaut sein:

IMMUNKUR-WOCHE 1

3–4 Tage das Trinkwasser durch erkalteten Oreganotee oder „SOS-Löffel"-Tee ersetzen.

Täglich kann zusätzlich ein Vitamin-B-Komplex zum Trinkwasser oder Tee gegeben werden.

Dreimal innerhalb dieser Woche frische Wildkräuter in kleinen Mengen und klein gehackt anbieten. Gerne mit ein paar Würmchen und ein wenig Öl. Sehr gut eignen sich: Spitzwegerich, Kamille, Löwenzahn, Gänseblümchen, Brennnesseln und Kletten-Labkraut. Bitte keine Mehlwürmer verwenden, da diese die Calcium-Bilanz noch weiter verschlechtern können. Aber es gibt tolle Alternativen wie beispielsweise Soldatenfliegenlarven (Hermetialarven).

Achtung: Calcium-Kur

Durch das schlechte Gefieder und die vermeintlich hohe Legebelastung denken viele Menschen direkt an eine Calcium-Kur, die sie gern mit den Hennen machen würden. Aber Achtung: Calcium kann die Aufnahme von wichtigen Mineralstoffen wie Zink, Eisen und Magnesium hemmen. Und auch die benötigen die Hennen! Daher gilt: Keine radikalen Kuren, sondern lieber einen holistischen Ansatz verfolgen, der die Hühner und Wachteln ganzheitlich regenerieren lässt.

WOCHE 2

4 Tage das Trinkwasser durch erkalteten Oreganotee oder „SOS-Löffel"-Tee ersetzen.

Täglich kann zusätzlich ein Vitamin-B-Komplex zum Trinkwasser oder Tee gegeben werden.

Vier- bis fünfmal frische Wildkräuter in kleinen Mengen und klein gehackt anbieten. Gerne wieder mit ein paar Würmern und Öl. Es eignen sich dieselben Kräuter wie in Woche 1.

Ein- bis zweimal geriebene Möhrchen mit einer kleinen Menge „Immunlöffel". Alternativ können getrocknete Zutaten wie Kurkuma, Pfeffer in extrem kleiner Menge, Rote Bete, Hagebutten, Bockshornkleesamen, Ceylon-Zimt und Minze auch einzeln besorgt werden. Sie sollten in gemahlener Form angeboten werden. Achtung: Bitte verwendet für eure Wachteln und Hühner niemals Cassia-, sondern immer Ceylon-Zimt.

WOCHE 3

Trinkwasser und Vitamine bleiben wie in Woche 1 und 2.

Vitalstoffreiche getrocknete Kräuter sollten nun drei- bis viermal pro Woche dazukommen. Besonders geeignet sind Schwarzkümmelsamen, Spitzwegerich, Löwenzahn, Bockshornkleesamen, Rosenblütenblätter, Petersilie, Rosmarin, gemahlene Hagebutten, Thymian, Oregano und Majoran.

Frische Kräuter, Möhrchen und Co. können nun täglich angeboten werden, allerdings weiterhin in geringer Menge. Besonders bei geschwächten Tieren aus schlechter Haltung ist es wichtig, stets

Ausgenutzt und aussortiert – wenn ausgediente Legehennen eine zweite Chance bekommen ...

mit hochwertigen Futterkomponenten zu arbeiten. Eine zu starke Verwässerung der Nährstoffe solltet ihr unbedingt vermeiden.

WOCHE 4

Ab Woche 4 können wir die Menge der angebotenen frischen Wildkräuter erhöhen und auch ursprünglicher anbieten. Wildkräutersträuße zum Aufhängen eignen sich zum Beispiel hervorragend, um Gesundheit, Spiel und Spaß zu kombinieren.

Den Tee können wir nach Bedarf wie in Woche 1 und 2 anbieten.

Futtertoppings wie „Atem-", „Vital-" oder „Blütenlöffel" bereichern die regelmäßige Fütterung enorm und können nun individueller in die Woche integriert werden. Sie sollten fester Bestandteil der dauerhaften Fütterung werden.

Die Bezugsquelle für all meine „Löffel" findet ihr auf Seite 126.

Sommer – Welche Leckereien haben jetzt Saison?

Dieses zahme Seidenhuhn kann gar nicht genug aus meiner Leckerli-Schüssel, gefüllt mit Kernen und Beeren, bekommen.

Wenn man die Tiere besonders zahm bekommen möchte, kann man mit den Küken schon im jungen Alter kleine, kurze Ausflüge unternehmen.

WILDKRÄUTER IM SOMMER

Oregano
Klee
Mädesüß
Wilde Möhre
Gänseblümchen
Löwenzahn
Brennnessel
Taubnessel
Wiesen-Labkraut
Vogelmiere
Spitzwegerich
Breitwegerich
Himbeerblätter
Minze
Echte Kamille
Baldrian
Thymian
Melisse

Blüten

Kapuzinerkresse
Rose
Ringelblume
Sonnenhut
Lavendel
Sonnenblume
Arnika

Juni

Gemüse

Brokkoli
Erbsen
Zuckerschoten
Pflücksalat
Kopfsalat
Gurken

Beeren

Erdbeeren
Himbeeren
Stachelbeeren
Johannisbeeren

Basilikum, das langsam in Blüte geht: Im Sommer sind die Kräuterbeete überreich gefüllt und bieten eine tägliche Bereicherung bei der Fütterung.

Juli

Gemüse

Brokkoli
Gemüsefenchel
Gurken
Möhren
Zucchini

Beeren

Brombeeren
Erdbeeren
Heidelbeeren
Himbeeren
Johannisbeeren
Stachelbeeren

Jetzt im Sommer blühen auch die Brennnesseln. Ihre Samen sind ein unglaublich starkes Superfood! Sammle also gerne ein paar Samen auch für die kalte Jahreszeit und trockne sie – oder gib sie in dein eigenes Müsli.

Arnika steht unter einem besonders strengen Schutz und darf regulär nicht gepflückt werden. Das gilt nicht für selbst angebaute Pflanzen im eigenen Garten. Wer für seine Wachteln und Hühner also Arnika selbst anbauen möchte, darf das tun und diese Blüten im Juli/August auch ernten.

August

Gemüse

Brokkoli
Gemüsefenchel
Gurken
Möhren
Zucchini
Kürbis

Beeren

Brombeeren
Heidelbeeren
Himbeeren
Preiselbeeren
Aroniabeeren

Erdbeer-Bowl

Für 5 Hühner oder
12 Wachteln:
je 1/4 Tasse goldene Leinsamen und Weizenkleie, alternativ 1 Tasse „Warmes Näpfchen"
1 Handvoll frische Kräuter wie beispielsweise Brennnessel, Knoblauchsrauke, Minze, Melisse
1 Handvoll Erdbeeren
3 EL Hirse

Rot-, Gelb-, Mohair-... Du kannst alle gängigen Hirsearten verwenden.

Optional kann hier sehr gut mit einem „Warmen Näpfchen" gearbeitet werden. Dann ersetzt du die Leinsamen und die Kleie damit und kannst sogar eine ganze Tasse verwenden. Leinsamen und Kleie oder das „Warme Näpfchen" mit heißem Wasser übergießen und 10–15 Minuten ziehen lassen.

In der Zwischenzeit die Kräuter schnabelgerecht klein hacken. Die Erdbeeren ebenfalls klein schneiden. Alle Zutaten gut mischen.

Bitte prüfe, bevor du die leckere Erdbeer-Bowl deinen Wachteln und Hühnern verfütterst, ob sie eine angenehme Temperatur hat.

Die Darmkur im Sommer

Folgende Kräuter, Gemüse- und Obstarten eignen sich für eine Sommer-Darmkur:

Getrocknet: Schwarzkümmelsamen, Spitzwegerich, Löwenzahn, Bockshornkleesamen, Petersilie, Rosmarin, Hagebutten (gemahlen), Thymian, Oregano, Majoran, gemahlene Kokosnuss oder Kokosraspeln, Lavendelblüten, Rosenblütenblätter, Ringelblumenblütenblätter

Frisch aus Wald, Wiese oder Garten (bitte unbedingt ungespritzt, also vorsichtig sein bei Feldrändern usw.): Löwenzahn, Brennnessel, Minze, Gänseblümchenblüten

Außerdem: Kürbiskerne, Heidelbeeren, Blaubeeren, Weißdornbeeren, Holunderbeeren

Frisch aus der Küche: Möhren, Schwarzkümmelöl

Alle Zutaten bei Bedarf klein hacken und direkt anbieten.

Darmkur Sommer

Alle Zutaten vermischen und direkt frisch anbieten. Sollten deine Tiere noch sehr zaghaft sein, nimm das Hauptfutter ruhig mal kurz aus dem Stall, sodass sie ihre Darmkur in Ruhe aufessen können. Auch ein wenig Hirse kann als Appetitanreger untergemischt werden. Von Mehlwürmern solltet ihr in diesem Zusammenhang Abstand nehmen.

Wer keinen „Vitallöffel" verwenden möchte, kann die Kräuter natürlich auch selbst zusammenmischen, mehr dazu auf Seite 37.

Für ca. 5 Hühner oder 15 Wachteln:
3 EL „Vitallöffel"
frische Löwenzahnblätter, Brennnessel, Minze und Gänseblümchenblüten, zu gleichen Anteilen fertig gehackt, zusammen etwa 1 kleine Tasse voll
½ Tasse geriebene Möhren
½ Tasse Beeren
2 EL Schwarzkümmelöl

1, 2, 3 – Milbe vorbei

Ektoparasiten wie die Rote Vogelmilbe, die Nordische Vogelmilbe oder Federlinge sind das achtbeinige Grauen für uns Wachtel- und Hühnerhalter. Wie gut, dass wir unsere Tiere auch über die Fütterung im Kampf gegen die unliebsamen Krabbeltiere unterstützen können.

DAS WICHTIGSTE: EIN STARKES IMMUNSYSTEM

Ganz klar: Je fitter und gesünder unsere Tiere sind, desto schwerer haben es Ektoparasiten aller Art. Dafür sorgen eine artgerechte Haltung und eine gesunde, naturnahe Fütterung. Ergänzend zu einem optimal mineralisierten Grundfutter sollten den Tieren regelmäßig Wildkräuter, Saaten, Gemüse und Beeren gereicht werden.

UNTERSTÜTZUNG ÜBER DAS FUTTER

Repellenten, oft auch gern Vergrämungsmittel genannt, sind bisher hauptsächlich aus der Anwendung in der Umgebung bekannt. Aber viele können auch hervorragend gefüttert werden. Durch die Fütterung werden einige Duftstoffe und Aromen von den Wachteln und

Power-Salat zur ganzjährigen Immunstärkung

Für 5 Hühner oder 12 Wachteln:
2 große geriebene Möhren
1 TL Kurkuma
1 Prise Pfeffer
½ Tasse Hirse
1 EL Öl
2 Handvoll frische saisonale Wildkräuter
1 kleine Handvoll saisonale Beeren
1 kleine Handvoll saisonale essbare Blüten

Alle Zutaten gut vermischen und den Tieren sofort anbieten.

Eine Kombination von starken Kräutern und Blüten findet ihr fix und fertig gemischt im Topping „Blütenlöffel".

Milben können, genauso wie Federlinge, in jeder Haltung vorkommen und werden schnell lebensgefährlich.

Hühnern ausgedünstet, was den Effekt entscheidend verstärkt im Vergleich zu einem alleinigen Ausbringen im Stall. Besonders eignen sich hier:

- Lavendelblüten
- Kokos
- Gewürznelken
- Citronella
- Eukalyptus
- Minze

Alle Zutaten bieten sich am besten in Pulver- oder Ölform an, um sie im Stall auszubringen. Bitte nur die natürlichen Öle verwenden, keine synthetischen.

Achtung bei Knoblauch und Zwiebeln

Beides wird immer noch gerne und intensiv von vielen Haltern, vor allem bei Hühnern, eingesetzt. Beides kann allerdings zu einer lebensbedrohlichen Blutarmut führen, da die enthaltenen Thiosulfate die roten Blutkörperchen zersetzen können. Besonders wenn auch noch blutsaugende Parasiten vor Ort sind, wird es für Huhn und Co. schnell gefährlich.

Sehr sparsam verwendet können beide Heilpflanzen sehr wertvoll sein, aber bitte nur in Kleinstmengen. Im Zusammenhang mit Ektoparasiten würde ich schlicht gänzlich auf andere Repellenten setzen.

Der Sommer bietet eine Vielzahl an Leckereien. Aber Eisbergsalat, Wassermelone und Zucchini in rauen Mengen ist keine ausgewogene Ernährung. Man sollte die Vielfalt und die richtigen Nährstoffe im Blick behalten.

Zusätzlich zur Prävention gilt es bei einem Befall, auch die entstandenen Mangelerscheinungen zu kompensieren. Hier kann gut mit Vitaminkomplexen für Geflügel gearbeitet werden. Sesam und Cashewkerne sind hervorragende Eisenquellen und enthalten gesunde Fette, die den ausgemergelten Tieren zusätzlich guttun. Aber auch Rote Bete und Kürbiskerne können bei dem Ausgleich der Blutarmut helfen. Da ein Befall mit blutsaugenden Ektoparasiten immer eine immense Belastung für den Körper darstellt, müssen die Tiere unbedingt dauerhaft Futter zur Verfügung stehen haben.

Eine besondere Gefahr stellen Vogelmilben generell für Glucken, Küken und Jungtiere dar. Ein Befall endet oft tödlich.

Zitrusfrüchte: Schon gewusst?

Zitrusfrüchte eignen sich eigentlich nicht für den Speiseplan deiner gefiederten Lieblinge. Aber: Alle nachteiligen Aspekte betreffen nicht die Schale! Dafür hat sie umso mehr Vorteile. Die darf also gelegentlich durchaus genascht werden. Natürlich ausschließlich von Bio-Früchten, da sonst eine zu hohe Schadstoffbelastung die positiven Aspekte verpuffen lässt.

UNTERSTÜTZUNG ÜBER DAS TRINKEN

Auch über das Trinken können viele Repellenten gut dosiert werden. Hierbei kann man entweder mit ätherischen Ölen arbeiten, mit pürierten frischen Kräutern oder mit dem Teeauszug aus

Antimilben-Sommer-Snack

Für 5 Hühner oder 12 Wachteln:
2 große Stängel frische Minze (ca. 20 Blätter), klein gehackt
geriebene Schale einer Bio-Orange
1 EL frische oder getrocknete Lavendelblüten
1 TL Kokosraspeln
1 TL frische oder getrocknete Rosenblütenblätter
1 TL frischer oder getrockneter Oregano
1/2 Tasse Hirse

Die Zutaten mischen und den Hühnern und Wachteln anbieten.

Pfefferminz-Orangenschalen-Tee

Für 5 Hühner oder 15 Wachteln:
5 Minzblätter
Schale einer Viertel Bio-Orange

Minze und Orangenschale mit heißem, nicht mehr kochendem Wasser übergießen, 8 Minuten ziehen lassen.

Nach dem Abkühlen den Tieren pur anstatt Wasser hinstellen.

den entsprechenden Repellenten. Tee sollte aber nicht mit kochendem Wasser aufgebrüht werden. Zu empfehlen sind für den Aufguss zwischen 60 und 70 °C, damit sich ätherische Öle nicht verflüchtigen können.

Mein Tipp: Ein Pfefferminz-Orangenschalen-Tee ist sowohl gegen Ektoparasiten stark als auch eine hervorragende Unterstützung während Hitze-Perioden. Denn beide Bestandteile helfen bei einer Abkühlung von innen.

Fütterung bei Hitze

Hühnervögel lieben Wärme. Warmes, trockenes Wetter, kombiniert mit einem ordentlichen Sandbad lässt das Hühnerherz höherschlagen. Wenn es aber besonders heiß wird, können wir unseren Hühnern und Wachteln über die Fütterung das Leben leichter machen. Denn da beide Arten nicht regulär schwitzen können, sondern ihnen letztendlich nur das Hecheln zur Abkühlung zur Verfügung steht, freuen sie sich über einen Frischekick bei der Fütterung. Als absoluter Klassiker gilt die Wassermelone. Frische Wassermelone schmeckt den Tieren besonders gut und sie sorgt für Vitamine mit einer Extraportion Flüssigkeit. Auch Gurke, Zucchini oder Gartensalat können eine gute Abkühlung bringen.

Aber Vorsicht! Hühner und Wachteln fressen weniger, wenn es zu warm wird. Die Futteraufnahme wird reduziert. Daher ist es dann besonders wichtig, darauf zu achten, dass auch in der reduzierten Menge alle Vitamine, Mineralstoffe, Vitalstoffe und Nährstoffe stecken, die die Tiere benötigen.

Die beiden folgenden Eisrezepte – ja, richtig gelesen! – könnt ihr gerne täglich anbieten. Besonders einfach geht das, wenn ihr die Rezepte in kleineren Portionen einfriert, wie beispielswiese in Eiswürfelformen. So könnt ihr mit wenig Aufwand öfter für eine frische Abkühlung sorgen.

Wassermelone kann ein großartiger Snack bei Hitze sein.

Trinkwasser: Schon gewusst?

Zu warmes Wasser wird von Wachteln und Hühnern prinzipiell weniger gern bis hin zu gar nicht mehr getrunken. Daher sollte das Wasser so kühl und so frisch wie möglich sein. Die Tränken sollten besonders im Sommer regelmäßig gründlich ausgewaschen und desinfiziert werden. So wirkt ihr Bakterien und Algen entgegen. Die Tränken sollten generell im Schatten stehen.

WACHTEL- UND HÜHNER-EIS? JAWOHL!

Was gehört untrennbar zum Sommer? Eis natürlich! Und das kann für eure Tiere so richtig gut sein! Denn viele Tiere mögen

Kräuter-Beeren-Eis

Für ca. 5 Hühner oder
15 Wachteln:
1 l Hagebuttentee, abgekühlt
1 Handvoll Erdbeeren
(natürlich gehen auch
Himbeeren oder Brombeeren)
1 EL Honig
3–4 Zweige frischer Thymian
und/oder Minze

Alles im Mixer gut durchpürieren. In eine Form geben und im Tiefkühler gefrieren lassen. Das Eis direkt in die Tränke oder das Trinkgefäß geben und langsam auftauen lassen. So bleibt das Trinkwasser länger schön kühl und wird gleichzeitig noch viel leckerer.

Kräuter-Eis

Du kannst das Eis auf einmal anbieten oder die Menge in kleinere Portionen aufteilen.

Für ca. 5 Hühner oder 15 Wachteln:
1 l Pfefferminztee, am besten aus
frischer Gartenminze, abgekühlt
1 Handvoll frische
Löwenzahnblätter (keine Wurzeln)
1 Handvoll frischer Oregano
2 EL Honig

Alles im Mixer gut durchpürieren. In eine Form geben und im Tiefkühler gefrieren lassen. Das Eis direkt in die Tränke oder das Trinkgefäß geben und langsam auftauen lassen.

es nicht, warmes Wasser zu trinken. Bei Enten ist das besonders auffällig, aber auch bei Wachteln und Hühnern ist dieses Verhalten zu beobachten. Eine Portion Eis in der Tränke kann für eine längerfristige Abkühlung sorgen und so die Flüssigkeitsaufnahme optimieren. Und wie es schon die Omi immer gesagt hat: Viel trinken ist wichtig! Auch für unsere gefiederten Lieblinge.

Herbst

Die Blätter werden bunt – Hallo Herbst!

Na, wer liebt es noch so sehr, wenn die Sonne sanfter wird und die Blätter langsam bunter werden? Eure Wachteln und Hühner mögen besonders den Übergang von Sommer auf Herbst. Dann macht ihnen die Hitze nicht mehr so arg zu schaffen und trotzdem ist es noch angenehm mild. Jetzt ist es besonders wichtig, eure Hennen und Hähne auf den bevorstehenden Winter vorzubereiten. Konkret bedeutet das:

- Checkt Figur und Gesundheitsszustand durch einen regelmäßigen Gesundheitscheck.
- Befreit eure Tiere von Ektoparasiten, falls erforderlich.
- Prüft den Kot mit Blick auf Endoparasiten. Am besten schickt ihr auch eine Kotprobe ins Labor oder zum Tierarzt.
- Unterstützt eure Wachteln und Hühner in der Mauser. Sie brauchen in der kalten Jahreszeit dringend ein gutes Gefieder.
- Achtet auf eine optimale Versorgung, damit alle körpereigenen Speicher voll sind, bevor es so richtig kalt wird.
- Stellt die Fütterung langsam auf eine Winterfütterung um.

Wer im Herbst noch Hühnerküken hat (im Bild ein Serama), sollte auf eine ausreichende Bioverfügbarkeit der Nährstoffe und eine sogenannte Bird Lamp achten.

Herbst – Welche Leckereien haben jetzt Saison?

Kürbissuppe mit frischen und getrockneten Kräutern ist eine echte Immunsystem-Bombe.

September

Gemüse

Kürbis
Möhren
Rote Bete
Spitzkohl

Beeren

Brombeeren
Preiselbeeren
Holunderbeeren
Vogelbeeren
Hagebutten
Aroniabeeren
Gojibeeren
Sanddornbeeren

WILDKRÄUTER IM HERBST

Franzosenkraut
Gänseblümchen
Löwenzahn
Brennnesseln
Wiesen-Labkraut
Vogelmiere
Breitwegerich
Spitzwegerich
Taubnessel
Himbeerblätter
Minze
Thymian
Melisse

Heide ist ein toller und gesunder Snack und ein oft vergessenes Heilkraut.

Oktober

Gemüse

Endivien
Gemüsefenchel
Grünkohl
Kürbis
Möhren
Rote Bete

November

Gemüse

Endivien
Grünkohl
Möhren
Rote Bete

Sonstiges

Walnüsse
Haselnüsse

Die Darmkur im Herbst

Folgende Kräuter, Gemüse- und Obstarten eignen sich für eine Herbst-Darmkur:

Getrocknet: Schwarzkümmelsamen, Spitzwegerich, Löwenzahn, Bockshornkleesamen, Petersilie, Rosmarin, Hagebutten (gemahlen), Thymian, Oregano, Majoran, gemahlene Kokosnuss oder Kokosraspeln, Lavendelblüten, Rosenblütenblätter, Ringelblumenblütenblätter

Frisch aus Wald, Wiese oder Garten (bitte unbedingt ungespritzt, also vorsichtig sein bei Feldrändern usw.): Löwenzahn, Brennnessel, Minze, Majoran, Vogelmiere

Außerdem: Kürbiskerne, Preiselbeeren, Aroniabeeren oder Hagebutten

Frisch aus der Küche: Möhren, Rote Bete, Gemüsefenchel, Schwarzkümmelöl

Alle Zutaten bei Bedarf klein hacken und direkt anbieten.

Darmkur Herbst

Für ca. 5 Hühner oder
15 Wachteln:
3 EL „Vitallöffel"
frischer Löwenzahn, Brennnessel, Minze, Majoran und Vogelmiere, zu gleichen Anteilen fertig gehackt, zusammen etwa 1 kleine Tasse voll
1/2 Tasse geriebene Möhren
1/4 Tasse geraspelte Rote Bete
1/2 Tasse Beeren
2 EL Schwarzkümmelöl
1 EL Walnussöl

Alle Zutaten miteinander vermischen und direkt frisch anbieten. Sollten deine Tiere noch sehr zaghaft sein, nimm das Hauptfutter ruhig mal kurz raus, sodass sie ihre Darmkur in Ruhe aufessen können. Auch ein wenig Hirse kann als Appetitanreger untergemischt werden. Von Mehlwürmern solltet ihr in diesem Zusammenhang Abstand nehmen.

Wer keinen „Vitallöffel" verwenden möchte, kann die Kräuter natürlich auch selbst zusammenmischen, mehr dazu auf Seite 37.

Mit Essen spielt man eben doch

Zumindest wenn man ein Huhn oder eine Wachtel ist. Und wenn man ein spannendes Bad aus bunten Blättern hat und darin auch noch leckere Naschereien versteckt sind. Damit sind eure Lieblinge lange beschäftigt und haben so richtig Spaß. Solltet ihr ein paar Würmchen verstecken wollen, passt auf, dass es nicht zu viele sind. Würmchen sollten immer nur in Maßen genascht werden. Achtet darauf, nur verträgliche Blätter wie Hainbuche, Birke oder Obstbaumblätter zu verwenden. Ein absolutes Highlight, besonders für die dunkle Jahreszeit, sind auch spannende, selbst gemachte Pickzapfen.

Pickzapfen

Zapfen
Kokosöl
Saaten und Körner, zum Beispiel Hirse, Sonnenblumenkerne oder Hanfsamen
ein kleines bisschen Honig

Das Kokosöl schmelzen, Saaten und Honig dazugeben, alles gut verrühren und die Zapfen darin baden. Gut abkühlen und aushärten lassen. Für extra Hirn-Jogging hängt ihr die Zapfen auf.

Übrigens müssen es auch gar nicht immer die klassischen Leckereien sein. Eine Pick- und Scharrecke mit Erde, Grasnarben, Blättern, Moos und Rinde ist für die meisten Wachteln und Hühner Abenteuer pur. Und wer es doch noch ein wenig verfeinern möchte, der kann meinen Moosburger – eines meiner beliebtesten Rezepte – nachmachen.

Moosburger

Moosplatten aus Garten oder Wald (natürlich keine geschützten Moosarten)
Hirse
eine kleine Handvoll Würmchen
auf Wunsch etwas Keimfutter (Seite 106)

Schichtet abwechselnd Moos, Leckerei, Moos, Leckerei usw. Eure Wachteln und Hühner werden es lieben, den „Burger" auseinanderzuscharren.

Hinweis: Wenn ihr Moos „pflücken" möchtet, werdet ihr merken, dass es sich plattenförmig löst. Ihr habt also recht leicht solche Platten aus dem Garten oder Wald und müsst nichts extra kaufen.

Ihr könnt die Pickzapfen-Zutaten, auf Wunsch mit Mehlwürmern angereichert, auch in Kokosnusshälften füllen und den Wachteln und Hühnern, aber auch den Wildvögeln anbieten. Und das Ganze ohne Plastik!

Super-Beerenkräfte

Ist euch schon einmal aufgefallen, wie viele gesunde Beeren im Herbst reif sind? Und das ist kein Zufall. Denn die Natur bereitet uns durch diese Superfoods auf den Winter vor. Viele dieser Beeren könnt ihr auch hervorragend trocknen und für die kalte Jahreszeit aufbewahren. Alternativ sind diese natürlich auch im Handel erhältlich. Für Wachteln und Hühner sind die folgenden Beeren besonders attraktiv:

- Brombeeren
- Preiselbeeren
- Holunderbeeren
- Vogelbeeren
- Hagebutten
- Aroniabeeren
- Gojibeeren
- Sanddornbeeren

Natürlich müssen für eine naturnahe Fütterung nicht alle Beeren täglich gefüttert werden. Einige davon sollten aber auf jeden Fall ab und zu auf dem Speiseplan eurer Wachteln und Hühner stehen. Holunder wächst in der Regel sehr gut und ist in vielen Gärten zu finden. Preiselbeeren kann man in vielen Gegenden vom Waldspaziergang mitbringen, genau wie Hagebutten und Vogelbeeren.

Beeren stecken voller Vitamine und sekundärer Pflanzenstoffe. Verwendet am besten unbehandelte Beeren aus dem Garten.

Beeren-Kräuter-Bowl

Rote Bete
frische oder getrocknete Rosenblütenblätter
Hagebutten
frische oder getrocknete Minze
Haselnüsse
Vogelbeeren
frischer oder getrockneter Rosmarin

Alle Zutaten etwa zu gleichen Teilen klein hacken und gut vermischen.

Tipp: Beeren einfrieren

Da all diese Super-Beeren recht gleichzeitig reifen, empfiehlt es sich unbedingt, ein paar davon auch für das restliche Jahr aufzubewahren. Einfrieren ist hier die unkomplizierteste Möglichkeit. Friert am besten einige Beerenmischungen ein, damit eure Wachteln und Hühner das ganze Jahr über davon profitieren können. Mischt beispielsweise Holunderbeeren, Preiselbeeren, Vogelbeeren und Hagebutten und füllt diese in kleine Gefäße. Wenn ihr eine kleine Wachtel- oder Hühnergruppe habt, können hier bereits große Eiswürfelformen genügen. Pro Form könnt ihr etwa 1–3 EL eurer Beerenmischung einfrieren – eine optimale Menge, um sie später zu verfüttern. Wer möchte, kann natürlich auch zusätzlich Wild- oder Küchenkräuter kombinieren.

Die Mauser

Im Herbst wird regulär das Gefieder erneuert. Durch eine naturnahe Fütterung, wie sie bereits im Frühlings-Kapitel ausführlich erklärt wurde, unterstützt ihr diesen Prozess optimal. Generell ist zu beachten, dass Wachteln und Hühner mit Beginn der kalten Jahreszeit tendenziell weniger gern frisches Grünfutter aufnehmen. Instinktiv bevorzugen sie kalorisch hochwertigere Futtermittel. Getrocknete Kräuter werden frischen vorgezogen. Diesem Instinkt sollten wir folgen und im Futterangebot und bei der Mauserunterstützung auf getrocknete Kräuter, Saaten und gesunde Öle setzen.

In der Mauser ist vermehrt Gefiederpflege zu beobachten.

Wenn aus Herbst langsam Winter wird …

Bei der Umstellung der Fütterung auf die kalte Jahreszeit gilt es bedacht vorzugehen. Häufig bekomme ich Anfragen, die eine recht radikale Umstellung beabsichtigen. Doch auch im Winter gelten die gleichen grundlegenden Ansprüche an das Futter wie im restlichen Jahr. So sollten Calcium und Rohprotein gleich bleiben und nicht reduziert werden.

Da die Aufrechterhaltung der Körpertemperatur bei Hühnervögeln über die Nahrungsaufnahme reguliert wird, sollte das Futter insgesamt kalorisch hochwertiger werden. Dazu können hervorragend gesunde Öle kombiniert werden. Auch selbst gebackene Leckereien dürfen jetzt gern öfter angeboten werden. Da die Tiere von sich aus bedeutend geringere Mengen an Frischfutter aufnehmen, sollte auf eine hohe Dichte an Vitaminen und Mineralstoffen geachtet werden. Also statt Gurke und Supermarkt-Salat lieber Keimfutter oder „Warme Näpfchen“. Auch Kolbenhirse ist jetzt eine willkommene Leckerei. Ich empfehle, ergänzend einen gesunden Darmsaft anzubieten.

Darmsaft

Für ca. 5 Hühner oder 15 Wachteln:
3 EL Leinsamen
1 Handvoll frische Brennnesselblätter
1 gehäufter TL Chlorella-Algen
1 gehäufter TL Spirulina-Algen

Die Leinsamen mit 500 ml kochendem Wasser übergießen und 5–8 Stunden ziehen lassen. Umrühren. Noch einmal 30 Minuten warten. Das Wasser (mit den enthaltenen Schleimstoffen aus den Leinsamen) in einen Shaker oder Mixer gießen. Die restlichen Zutaten dazugeben und so lange mixen, bis die Brennnessel ganz fein ist. Im Kühlschrank ist der Darmsaft mindestens 1 Woche haltbar.

Die übrig gebliebenen Leinsamen könnt ihr natürlich gern verfüttern.

Winter

Wohlfühl-Winterzeit für eure Wachteln und Hühner

Draußen ist es so richtig kalt und ungemütlich? Und du möchtest deinen Hühnern und Wachteln etwas besonders Gutes tun? Eine prima Idee! Mit warmen Leckereien fühlen sie sich jetzt richtig wohl. „Warme Näpfchen" könnt ihr euren Wachteln und Hühnern täglich füttern.

Als „Warmes Näpfchen" bezeichne ich meine Kräuter- und Saatenmischungen, die ihr einfach in eine leckere warme Mahlzeit verwandeln könnt: mit kochendem Wasser übergießen und 10 Minuten quellen lassen. Noch warm servieren, aber natürlich so weit abgekühlt, dass sich niemand den Schnabel verbrennt. Ich biete die Mischungen für „Warme Näpfchen" in meinem Shop an (Bezugsquelle auf Seite 126). Aber natürlich könnt ihr auch hervorragend selbst kreativ sein und euren Tieren warme Highlights im Futtertrog zaubern. Achtet auf hochwertige Zutaten und arbeitet nicht mit günstigen Füllstoffen. Leider gibt es hier Produkte, die eher mit Letzterem glänzen. Besonders gern werden

Der Winter ist für alle Hühnervögel eine Herausforderung. Vor allem nasskaltes Wetter macht ihnen zu schaffen.

Ein „Warmes Näpfchen" ist schnell zubereitet – heißes Wasser auf die Mischung geben, etwas abkühlen lassen und fertig! Es ist die optimale warme Mahlzeit bei richtig kaltem Wetter.

dann Spelzen oder andere un- oder kaum verdauliche Zutaten verwendet bzw. wenig wertvolle, billige Produkte wie Trester und diverse Zuckersorten. Dadurch sinken Nährstoff- und Vitamingehalt der Mischung stark, wodurch der Mehrwert für deine Tiere verschwindend gering wird.

Gute Alternativen mit starken Zutaten können eure Wachteln und Hühner im Winter elementar unterstützen. Ich persönlich verwende gern goldenen (blausäurefreien!) Leinsamen, Aroniabeeren, Kleie, Grünmehl, Fenchel und Grünhafer. Am liebsten in Bioqualität.

Um eine optimale Futteraufnahme und Verwertung zu fördern, empfiehlt es sich, die Tiere im Winter mit einer UV-Lampe zu beleuchten. Diese ist auch als Bird Lamp bekannt. Die geringe natürliche Lichtintensität kann so kompensiert und die körpereigene Vitamin-D-Produktion angeregt werden. Bei einer Beleuchtungsdauer ab etwa 14 Stunden täglich stimuliert man den Legeprozess. Ich empfehle euch allerdings, euren Wachteln und Hühnern eine Legepause zu gönnen. Der Winter ist ohnehin Herausforderung genug. Beleuchtet daher nicht länger als 11, maximal 12 Stunden.

Hatschi – Schnupfen bei Wachteln und Hühnern

Wie oft hört man: „Meine Wachteln, meine Hühner haben sich erkältet." Eure Hühner und Wachteln „erkälten" sich nicht. Dieses umgangssprachliche Wort, was letztendlich beim Menschen eine Reihe von Symptomen umschreibt, führt bei Hühner- und Wachtelhaltern häufig zu Verwirrung und Missverständnissen. Natürlich können eure Tiere entsprechende Symptome aufweisen, wozu insbesondere Niesen und verschleimte Atemwege gehören.

Die Ursache aber liegt in einem Infekt. Der kann durch Viren, Bakterien, Keime oder andere Krankheitserreger hervorgerufen worden sein. Aber es liegt nicht daran, dass euren Tieren kalt war und sie sich nun verkühlt haben.

Häufig begleitet die Tiere dann auch eine Sinusitis, wodurch die Atmung besonders qualvoll klingt. Niesen, Auswurf, ein geschwollener Kopf und Bläschen in den Augen sind typische

Ein gesundes Huhn hat strahlendes, gleichmäßiges Gefieder, keine Bläschen an den Augen und auch die Häute im Gesicht sollten nicht angeschwollen sein – dieser Deutsch-Langschan ist gesund. Erstes Symptom eines Infekts ist häufig das Niesen.

Immun-Muffins

Für 5 Hühner oder
15 Wachteln:
2 Tassen Vollkornmehl
1 frische Kurkumawurzel, gerieben
1 Hühnerei oder
4 Wachteleier
1 TL geriebener Ingwer
2 EL Sonnenblumenöl
optional 2 TL Topping „Immunlöffel"

Alle Zutaten zu einem Teig vermengen. Etwas Wasser hinzufügen, sollte die Masse zu trocken sein.

Den Teig in Muffinförmchen geben und im vorgeheizten Backofen bei 180 °C 25–35 Minuten backen. Abkühlen lassen und den Hühnern oder Wachteln servieren (nicht lang aufbewahren, hält sich wie Kuchen nur kurzzeitig).

Anzeichen. Die Ausheilung eines solchen Infektes dauert in der Regel auch bedeutend länger als eine klassische Erkältung bei uns Menschen.

Die Krankheitserreger können besonders durch nasse oder feuchte Ställe, meist durch Regen oder Kondenswasser hervorgerufen, Zugluft, ein geschwächtes Immunsystem, unzureichende Fütterung oder Parasiten gefördert werden. Bei der Heilungsunterstützung muss also entsprechend ganzheitlich gedacht und gehandelt werden. Hervorragend helfen könnt ihr mit eurem antibakteriellen und schleimlösenden Hustensirup, den ihr im Frühling zubereitet habt (Seite 51). Die Inhaltsstoffe unterstützen breit gefächert und sind seit Jahrhunderten bewährt.

Übrigens: Auch mit ätherischem Lärchenöl könnt ihr euren Tieren etwas Gutes tun. Das bekommt ihr online in guter Qualität zu kaufen. Bei isolierten Tieren kann sehr gut über die Inhalation gearbeitet werden: Wenige Tropfen, auf ein Tuch gegeben, genügen bereits. Ihr solltet die Krankenbox dann kurzzeitig (luftdurchlässig) abhängen, damit der Duft nicht zu schnell verfliegt. Wer möchte kann im Stall zusätzlich einen Diffuser aus dem Fachhandel aufstellen. Das Lärchenöl kann so bei Atemwegserkrankungen unterstützen und gleichzeitig das Stallklima verbessern.

Winter – Welche Leckereien haben jetzt Saison?

WILDKRÄUTER IM WINTER

Löwenzahn
Brennnessel
Vogelmiere
Thymian
Oregano

Dezember

Gemüse

Chicorée
Chinakohl
Grünkohl
Möhren
Rote Bete

Hirse, Aroniabeeren, Gojibeeren, Chiasamen und andere Saaten: ein richtig gesunder Snack für Wachteln, Hühner und Wildvögel.

Besonders im Winter sollte Oregano in der Fütterung nicht fehlen, weil es entzündungshemmend, schmerzlindernd und antibakteriell wirkt. Es gilt als stärkstes „Antibiotikum" der Natur.

Januar

Gemüse

Chicorée
Chinakohl
Grünkohl
Rote Bete

Februar

Gemüse

Chicorée
Chinakohl
Grünkohl
Rote Bete

Die Darmkur im Winter

Folgende Kräuter, Gemüse- und Obstarten eignen sich für eine Winter-Darmkur:

Getrocknet: Schwarzkümmelsamen, Spitzwegerich, Löwenzahn, Bockshornkleesamen, Petersilie, Rosmarin, Hagebutten (gemahlen), Thymian, Oregano, Majoran, gemahlene Kokosnuss oder Kokosraspeln, Lavendelblüten, Rosenblütenblätter, Ringelblumenblütenblätter

Frisch aus Wald, Wiese oder Garten (bitte unbedingt ungespritzt, also vorsichtig sein bei Feldrändern usw.): Löwenzahn, Brennnessel, Vogelmiere
Außerdem: Walnusskerne, Hagebutten
Frisch aus der Küche: Möhren, Schwarzkümmelöl

Alle Zutaten bei Bedarf klein hacken und direkt anbieten.

Darmkur Winter

Für ca. 5 Hühner oder 15 Wachteln:
3 EL „Vitallöffel"
1 Handvoll frische Brennnesselblätter, Vogelmiere und Löwenzahn
1 gehäufter TL Chlorella-Algen
3 EL klein gehackte frische Hagebutten
2 EL klein gehackte Walnüsse
2 geriebene Möhren
2 EL Walnuss- oder Traubenkernöl

Alle Zutaten vermischen und den Wachteln und Hühner direkt anbieten. Für ein bisschen Winterfeeling kannst du gern noch eine Prise Ceylon-Zimt dazugeben.

Wer keinen „Vitallöffel" verwenden möchte, kann die Kräuter natürlich auch selbst zusammenmischen, mehr dazu auf Seite 37.

Hühnervögel regulieren ihre Körpertemperatur über die Futteraufnahme, daher im Winter gern angewärmtes Futter oder „Warme Näpfchen" in die Fütterung einbeziehen.

Weihnachten im Stall

Die Weihnachtszeit ist eine ganz besondere Zeit. Auch wenn jeder ihr eine andere Bedeutung gibt, so sind wir uns sicher einig, dass einige spezielle Gerüche mit ihr untrennbar verbunden sind. Viele Düfte genießen wir hauptsächlich zu dieser Zeit. Ursprung der Düfte können zum Beispiel ätherische Öle, Früchte, Extrakte, getrocknete Blüten oder andere Pflanzenbestandteile sein. Und tatsächlich kann man, wenn man sich ihre naturheilkundlichen Anwendungsbereiche anschaut, feststellen, dass Weihnachtsfeeling im Wachtel- und Hühnerstall viel mehr als nur Deko sein kann.

In diesem Zusammenhang kommen wir nicht um eine Erläuterung des Begriffs Aromastoff herum. Unter Aromastoffen versteht man diejenigen Inhaltsstoffe von zum Beispiel Lebensmitteln, die man mit den Geruchsrezeptoren der Nase detektieren kann. Mittlerweile ist dieser Begriff allerdings recht negativ behaftet, da von künstlichen Ersatzstoffen ausgegangen wird. Wenn wir hier in diesem Zusammenhang von Aromastoffen oder Aromen sprechen, so ist stets die natürlich vorkommende Version gemeint.

Welche Duftträger sind für eure Wachteln und Hühner am interessantesten? Ganz besonders sind hier zu nennen:

- Zimt
- Orangenschale
- Tannennadeln
- Vanille
- Gewürznelken
- Lebkuchen- und Spekulatiusgewürz
- Honig
- gebrannte Mandeln

ZIMT

Zimt kann die Verdauung anregen und die Futterverwertung verbessern. Er ist auch als „wärmendes Gewürz“ bekannt. Bitte achtet unbedingt darauf, niemals Cassia-Zimt, sondern Ceylon-Zimt zu verwenden, und informiert euch bei Produkten aus dem Fachhandel, ob Ceylon-Zimt verwendet wurde. Sollte auf der Zutatenliste nur „Zimt“ stehen, solltet ihr vorsichtig sein, da Cassia-Zimt bedeutend günstiger ist und daher gern verwendet wird. Sein enthaltenes Cumarin ist aber lebertoxisch! Kurz: Ceylon-Zimt top. Cassia-Zimt Flop.

ORANGENSCHALE

Orangenschalen können getrocknet zu Duftzwecken aufgestellt werden. Wer möchte, kann auch selbst gemachtes Orangenöl in der Wachtel- und Hühnerhaltung integrieren. Und das sowohl von innen als auch von außen.

Äußerlich kann es strapazierte Haut unterstützen und Heilungsprozesse fördern. Es kann pflegend, antibakteriell, antiviral und desinfizierend wirken. Und strapazierte Haut kommt bei Wachteln und Hühnern häufiger vor, als man denkt! Die häufigsten Gründe sind:

- Heilende Wunden generell.
- Aufsteigen und Treten des Hahns, in Verbindung mit der Positionierung der Krallen, führt zu strapazierter Haut an Rücken und Hinterkopf.
- Befall durch Milben und Federlinge bewirken strapazierte Haut am ganzen Körper, bei Federlingen vor allem auch unter den Flügeln und am Po.
- Kalkbeinmilben führen zu strapazierter Haut an den Beinen mit massivem Juckreiz.
- Glucken zeigen strapazierte Haut am Bauch beim Nachwachsen der Federn nach Abschluss der Brut.
- Kämme und Kehllappen leiden bei extremer Kälte, bis hin zu Erfrierungen.

Von innen wirkt Orangenöl bekanntermaßen entspannend, beruhigend, stimmungsaufhellend und es steigert das Wohlbefinden. Orangenöl kann auch bei

Orangenöl

Für etwa 200 ml:
5 unbehandelte Bio-Orangen
ca. 200 ml Rapsöl (oder ein anderes geschmacksneutrales Öl)

Die Bio-Orangen (bitte verwendet wirklich keine aus konventionellem Anbau!) waschen, abtrocknen und schälen. Die weiße Schicht kurz vor dem Fruchtfleisch sollte nicht mit verwendet werden; sie ist zu bitter.

Die Schalen 2 Tage bei Zimmertemperatur trocknen lassen. (Das Fruchtfleisch am besten selber essen.)

Die Schalen klein geschnitten in eine Flasche geben. Je kleiner sie geschnitten sind, desto besser können die Lipide im Öl alle wertvollen Inhaltsstoffe herauslösen. Die Schalen in der Flasche gerade so mit Öl bedecken – wenn du dafür weniger als die genannten 200 ml benötigst, dann mach das ruhig! Letztendlich erzeugst du so ein höher konzentriertes Öl.

Verschließen und dunkel 2 Wochen ziehen lassen. Danach alle festen Bestandteile absieben und das fertige Öl in eine kleine Flasche geben. Mindestens 6 Monate haltbar. Es genügt also vollkommen, wenn man zweimal im Jahr frisches Öl ansetzt.

Tipp: Orangenöl zu Silvester

Orangenöl kann auch bei Stress zum Beispiel zu Silvester hervorragend genutzt werden. Sowohl im Trinken, im Futter oder als Stallduft.

Viele Nadelbäume können eure Tiere wirkungsstark von innen unterstützen. Der ausrangierte und sorgfältig abgeschmückte Weihnachtsbaum bietet zudem Versteckmöglichkeiten und Abwechslung in Stall und Voliere.

Stress wie der Vergesellschaftung neuer Tiere hervorragend genutzt werden – und zwar im Trinken, im Futter oder als Stallduft.

Aber auch eine starke Verdauung und einen guten Appetit kann Orangenöl fördern, was beides besonders im Winter wichtig ist, um Vitalität und Wohlbefinden aufrechtzuerhalten. Und es wird noch spannender: Orangenöl kann larvizid (gegen Larven) und antimykotisch (gegen Pilze) wirken. Oder anders ausgedrückt: Es kann sehr gut bei Wachteln und Hühnern angewandt werden, die unter einem Ektoparasitenbefall leiden oder gelitten haben, und dabei kann es sowohl gegen die Parasiten selbst wirken, als auch den Heilungsprozess der in Mitleidenschaft gezogenen Haut wunderbar unterstützen.

TANNENNADELN

Tannenzweige sind in der dunklen Jahreszeit ein willkommener Farbtupfer in der sonst recht tristen Umgebung. Das ist sowohl für uns Menschen schön als auch für die Tiere. Denn Tannenzweige bieten Schutz, laden zum Knabbern ein und verbessern durch ihren Duft das Stallklima. Wachteln und Hühner lieben sie. Daher nutzt gern auch den ausrangierten, unbehandelten Weihnachtsbaum im Wachtel- und Hühnerstall. Klar, es darf kein Glitzer, Kunstschnee, Lametta oder Ähnliches mehr am Baum hängen.

Mein Tipp: Zaubert euren Wachteln und Hühnern doch gerne einen Wachtel- oder Hühner-Weihnachtsbaum! Daran könnt ihr selbst gebackene Hühnerkekse genauso befestigen wie Kolbenhirse oder die leckeren Abenteuer-Pickzapfen von Seite 80. Und als Glitzer? Natürlich leckeres Mehlwurmglitzer! Bitte achtet aber unbedingt darauf, dass der Baum wieder aus dem Stall entfernt wird, bevor er nadelt. Die pieksigen Nadeln könnten Ballenabszesse verursachen.

Von innen tut jetzt sowohl unser Hustensirup, den wir im Mai/Juni hergestellt haben (Seite 51), gut als auch selbst gemachter Tannenspitzensirup (die Zubereitung ist genauso, nur mit Tannen- statt Kiefern- und Fichtenspitzen). Egal, welchen der drei Nadelbäume – Tanne, Kiefer, Fichte – du zu einem leckeren und gesunden Sirup verwandelt hast: Jetzt kannst du ihn wunderbar ins Trinkwasser geben. Und das gern regelmäßig, denn Tannenspitzensirup kann schleimlösend, atemwegsunterstützend, antibakteriell und beruhigend wirken und er steckt voller Vitamin C.

Du hast keinen Sirup zubereitet, möchtest deinen Tieren aber trotzdem etwas

Tannentee

In der Regel brühen wir Tee auf, warten wenige Minuten und trinken ihn. Bei Tannenspitzen oder Tannenzweigen solltet ihr mit mehr Geduld herangehen. Im Kühlschrank hält er sich aber problemlos mehrere Tage, sodass sich der Aufwand lohnt.
Die Tannenzweige in einen Topf geben und mit Wasser bedecken. Aufkochen und 25 Minuten köcheln lassen. Vom Herd nehmen und über Nacht ziehen lassen. Am nächsten Tag abgießen und den fertigen Tee anbieten.

Tannenzweige

Gutes tun? Dann pflück einfach jetzt ein paar kleine Zweige oder Nadeln und bereite daraus einen duftenden Tee zu.

VANILLE

Den klassischen Vanilleduft kennen viele Menschen. Welche Power aber in der Vanille wirklich steckt, wissen die wenigsten. Vanille kann entzündungshemmend, antimikrobiell und fungizid wirken. Auch bei Rheuma kann sie, besonders alte Wachteln und Hühner, unterstützen. Am besten verwendest du das ausgekratzte Mark der Vanilleschoten. Bitte wende Vanille stets sparsam an. Für 5 Hühner oder 15 Wachteln genügt schon eine halbe Schote. Am besten vermischst du das Vanillemark mit einer Zutat, in der es sich gut verteilen lässt. Saaten eignen sich hier sehr gut. Meine Wachteln und Hühner lieben Hanfsamen mit Vanille und ein wenig Öl.

GEWÜRZNELKEN

Nelken sind im Winter top. Aber auch im Sommer. Denn Nelken enthalten die Substanz Eugenol. Diese hemmt das Bakterienwachstum, Viren und Pilze

Auch manche Gewürze sind für Hühner und Wachteln gut und lecker. Eine praktikable Variante ist, sie in Futter-Muffins einzubacken. Rezepte findet ihr auf Seite 91 und in den Klappen des Buchumschlags.

Weihnachtstee

Für 5 Hühner oder
15 Wachteln:
2 EL Mandeln
Schale von 1 Bio-Orange
Schale von 1 Bio-Apfel
2 TL getrocknete Rote Bete

Gebrannte Mandeln – klingt komisch? Ist in dieser Zubereitung aber super fürs Federvieh! Denn Mandeln können den Darm und die Verdauung unterstützen. Die Mandeln in eine Pfanne geben und ohne Fett vorsichtig anrösten. Pass auf, dass sie dir nicht verbrennen. Das passiert recht schnell.

Danach alle Zutaten in eine Kanne geben und mit 1 l heißem, nicht mehr kochendem Wasser übergießen. 15 Minuten ziehen lassen. Abkühlen lassen. Fertig. Wenn du nicht alles gleich anbieten möchtest, hält sich der Tee auch hervorragend einige Tage im Kühlschrank. Du kannst ihn pur anbieten oder mit dem Trinkwasser vermischen.

Den Tee solltest du unbedingt auch selbst einmal probieren. Weihnachtlich lecker.

und ist krampflösend und verdauungsfördernd. Zudem wirkt Eugenol leicht schmerzstillend und antientzündlich. Du kannst Nelken entweder gemahlen anbieten oder einen Tee zubereiten.

LEBKUCHENGEWÜRZ UND SPEKULATIUSGEWÜRZ

Beide Gewürze können in Wachtel- und Hühnerkekse eingearbeitet werden und machen deine Tierkekse sicherlich noch leckerer! Achte bitte darauf, dass die Gewürzmischungen, die du verwendest, mit Ceylon-Zimt hergestellt wurden (mehr zu den Zimtsorten auf Seite 96).

HONIG

Honig gilt für viele Bereiche als absoluter Klassiker. Seine antibakterielle, antimykotische und antioxidative Wirkung kann in diversen Heilungsprozessen wertvolle Dienste leisten.

Fütterung von Senioren – Wenn Wachteln und Hühner in die Jahre kommen

In einer naturnahen Hobbyhaltung werden Wachteln und Hühner erfreulicherweise immer älter! Das ist sicherlich hauptsächlich eurer grandiosen Pflege zu verdanken. Dennoch machen Gelenkprobleme, Gicht, Arthrosen und andere rheumatische Beschwerden auch älter werdenden Wachteln und Hühner Probleme. Hier gilt es zweigleisig zu fahren: die Ursachen bekämpfen, die Symptome mildern. Als eine Ursache für diverse Gelenkprobleme gilt ab einem gewissen Alter Soja. Das ist nur einer der Gründe, warum ich ein sojafreies Grundfutter empfehle. Spätestens aber im Alter sollte auf Soja im Hauptfutter gänzlich verzichtet werden. Ich persönlich füttere dauerhaft

Mit ihren fast sechs Jahren ist diese Feldwachtel schon eine Seniorin.

sojafrei, empfehle es aber dringend ab einem Lebensalter von etwa 2 Jahren. Da auch die Futterverwertung schlechter wird, sollten Senioren häufiger Wildkräuter, Beeren und andere Vitaminbomben bekommen.

Wenn ihr merkt, dass eure Senioren Schmerzen haben, könnte ihr lindernd mit pflanzlichen Schmerzmitteln arbeiten. Hier bieten sich besonders Weidenrinde, Teufelskralle und Oregano an. Kombiniert mit entzündungshemmenden Kräutern, wie Basilikum, Brennnessel, Kamille, Melisse, Minze oder Rosmarin, kann das den Allgemeinzustand eurer älteren Wachteln und Hühner durchaus verbessern und so auch für eine bessere Futteraufnahme sorgen. Eine genaue Dosierung ist hier schwer anzugeben, da es auf den Einzelfall ankommt. Da schon kleinste Mengen genügen, bietet es sich an, die genannten Kräuter als Teeaufguss anzubieten. Eine exzellente Zusammensetzung findet ihr auch in dem von mir entwickelten „SOS-Löffel“.

Stolz wie eh und je: Auch mit fünf Jahren kann man noch fit wie ein Turnschuh sein.

Tipp: Auf Vorrat

Anstatt eure Kräutermischung in minimal kleinen Mengen jedes Mal neu zusammenzustellen, könnt ihr entweder auf die fertige Mischung zurückgreifen oder den Teeaufguss in kleinen Formen einfrieren. Dann könnt ihr bei Bedarf kleine Mengen auftauen. Das spart euch Zeit und Mühe.

Ganzjährige Highlights, die in keiner Fütterung fehlen sollten

Keimfutter

Keimfutter ist ein Goldschatz unter den Futtermitteln. Die enthaltenen Vitamine, Mineralien und Nährstoffe punkten mit einer besseren Bioverfügbarkeit im Vergleich zum ungekeimten Futter. Auch die Zusammensetzung der Nährstoffe verändert sich während des Keimprozesses zum Positiven. Das Wichtigste: Keimfutter könnt und solltet ihr regelmäßig anbieten. Und ihr könnt es in den unterschiedlichsten Keimstadien anbieten. Der nährwerttechnische Mehrwert beginnt bereits nach kurzer Keimzeit.

Vor dem Keimen solltet ihr eure Saaten in einem Sieb gut durchspülen, in ein Glas geben und mit sauberem, kaltem Wasser auffüllen. Man lässt sie bis zu 12 Stunden quellen. Bei öllastigen Saaten, wie beispielsweise Hirse, kann die Quellzeit deutlich reduziert werden; hier genügen bereits 6 Stunden.

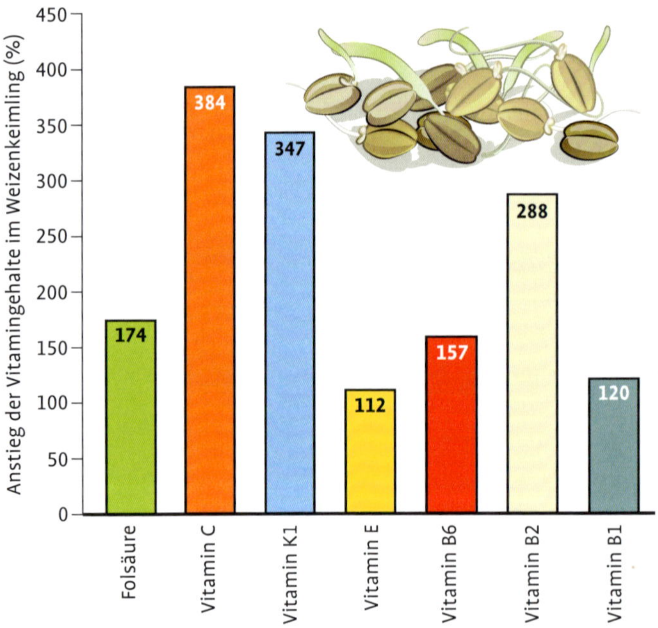

Der Anstieg des Vitamingehalts in Weizenkeimlingen nach 72 Stunden Keimdauer. (Das ungekeimte Weizenkorn entspricht 100%.)

Tipp: Saaten sortenrein keimen

Ein zu langer Quellprozess kann Gärungsvorgänge begünstigen. Daher sollten stärkelastige Saaten nicht mit öllastigen Saaten vermischt gekeimt werden.

Keimfutter besticht durch unheimlich viele Vitamine, Mineralstoffe und ihre einzigartige Bioverfügbarkeit.

Keimfutter-Power-Bowl

Alle Zutaten vermischen und sofort verfüttern.

Für 5 Hühner oder 15 Wachteln:
2 Handvoll Keimfutter, 4 Tage gekeimt
2 EL Brennnesselsamen
1 TL frischer oder getrockneter Thymian
1 TL frischer oder getrockneter Oregano
1 kleine Handvoll frische oder getrocknete, gehackte Hagebutten
1 EL Basilikumöl
optional 1 TL „Immunlöffel"

Keimfutter-Schlemmer-Bowl

Alle Zutaten vermischen und sofort verfüttern.

Für 5 Hühner oder 15 Wachteln:
2 Handvoll Keimfutter, 4 Tage gekeimt
1 kleine Handvoll Mehlwürmchen
essbare Blüten wie Gänseblümchen oder Löwenzahn
2 EL saisonale Beeren
1 EL Leinöl

Bereits beim Quellvorgang kommt es zu einer Volumenvergrößerung. Das solltest du bei der Wahl des Gefäßes und der Wassermenge berücksichtigen. Je nach Samenart steigt der Wassergehalt von 10 auf bis zu 70–80 %. Nach den 12 Stunden das Wasser abgießen, die Keime noch einmal gründlich abspülen – dann dürfen sie beginnen zu keimen. Wichtig bei der Keimfutterherstellung ist das regelmäßige Spülen der gekeimten Saaten, damit diese nicht verderben. Du solltest dein Keimfutter etwa alle 4–6 Stunden spülen. Aus dem gleichen Grund sollte auch die Temperatur beim Keimen nicht zu hoch sein. Empfehlenswert sind 14–20 °C.

Keimfutter braucht zum Keimen zudem zwingend genügend Sauerstoff. Daher eignen sich Siebe sehr gut. Bei Keimgläsern aus dem Handel muss man sehr darauf achten, nicht zu viele Saaten zu keimen, da sonst der Sauerstoff schnell zu knapp wird.

Im Kühlschrank aufbewahrt wird der Keimungsprozess übrigens bedeutend verlangsamt, sodass sich Keimfutter gut über mehrere Tage halten kann. Zum Keimen eignen sich insbesondere diese Saaten:

- Weizen
- Hirse
- Brokkoli
- Kresse
- Buchweizen
- Nackthafer
- Quinoa
- Sonnenblumen

Saaten mit Schleimstoffen wie Chiasamen oder Leinsamen sind nicht zum Keimen geeignet.

Tipp: Wenn man den Zeitpunkt verpasst

Wenn die Keimlinge groß geworden sind oder man keine Zeit oder Lust mehr hat, diese regelmäßig zu spülen, kann man sie auch einpflanzen und den Wachteln und Hühnern so zu einem späteren Zeitpunkt ein weiteres Highlight – die grüne Pflanze – anbieten. Budgettipp: Vor allem im Winter, wenn Grünfutter rar ist, sind Snacks wie selbst gezogenes Weizengras ein echtes Highlight.

Wer seine Tiere liebt, füttert sie ganzheitlich und naturnah.

Kräuter-Pestos

Leckeres und gesundes Pesto ist mit wenigen Handgriffen schnell selbst gemacht, hält sich lange und bringt gesunde Kräuter und Öle in den Napf.

Pesto kennen die meisten von euch als Highlight auf dem Pastateller beim Mittagessen. Aber auch für Wachteln und Hühner können Pesto-Kreationen eine wertvolle Futterergänzung sein. Da wir beim Pesto nur mit ausgewählten Zutaten arbeiten, genügen schon kleine Mengen, um in komprimierter Form Nährstoffe und Vitamine ans Huhn oder an die Wachtel zu bringen. Und ihr könnt Pesto durch Einfrieren oder Einkochen so lange haltbar machen, dass ihr es das ganze Jahr über anbieten könnt.

Die Machart ist einfach und jedes Mal gleich: Alle Zutaten in einen Mixer geben und pürieren. Natürlich könnt ihr gerne kreativ sein und die folgenden Zutaten abwandeln und anpassen an das, was ihr in eurem Garten je nach Saison findet oder was ihr auf eurem nächsten Spaziergang sammeln könnt.

Angeboten werden kann das leckere Selfmade-Pesto mit geriebenen Möhren oder gehackten Kräutern, mit Würmchen ergänzt oder zu einem „Warmen Näpfchen“ zubereitet. Für 15 Wachteln oder 5 Hühner genügt schon 1 EL Pesto.

Frühlings-Pesto

Löwenzahnwurzel
Brennnessel
Gänseblümchen
Oregano oder Majoran
gehackte Walnüsse
Leinöl
Kürbiskernöl

Bei der Fütterung des Pestos mit Pellets (hier mein „Kräuterkorn") solltet ihr lieber kleinere Mengen anbieten, die schnell aufgegessen werden können, damit Reste nicht verderben.

Sommer-Pesto

Knoblauchsrauke
Löwenzahnblätter
Brennnesselsamen
Kapuzinerkresse samt -blüten
gehackte Sonnenblumenkerne
gehackte Walnüsse
Leinöl
Kürbiskernöl

Herbst-Pesto

Kürbisblätter
Franzosenkraut
Thymian
Weißdornblätter und -beeren
gehackte Kürbiskerne
gehackte Haselnüsse
Leinöl
Hanföl

Winter-Pesto

frisches Basilikum (Kräutertöpfchen aus dem Supermarkt)
Rosmarin
getrocknete Kräuter
gehackte Walnüsse
Leinöl
Traubenkernöl

Küchen- und Wildkräuter

Das zielgerichtete Zufüttern von frischen Küchenkräutern macht ganzjährig Sinn. Diese können entweder als Kräutertöpfchen oder klein gehackt angeboten werden. Besonders bewährt haben sich:

- Petersilie
- Basilikum
- Oregano
- Majoran
- Rosmarin
- Minze
- Kresse

ALTERNATIVE: LUZERNE

Natürlich muss es nicht jeden Tag das frische Bio-Kräutertöpfchen sein. Eine hervorragende Bereicherung des Speiseplans ist auch Luzerne, die ganzjährig verfüttert werden kann. In pelletierter Form kann sie mit ein wenig Wasser zu einem grünen, leckeren, nach Sommer duftenden Highlight für eure Wachteln und Hühner werden. Im Handel gibt es Sorten, die speziell als Wachtel- oder Hühnerluzerne angeboten werden. Diese zeichnen sich vor allem durch einen hohen Rohproteingehalt aus. Luzernesorten mit einem geringen Rohproteinanteil sind nicht so gut geeignet, sie könnten zu einer Mangelversorgung führen. Eine starke Wachtel- und Hühnerluzerne besitzt genauso viel Proteine wie ein gutes Wachtelfutter und steckt voller Vitamine.

WILDE KRÄUTER

Wildkräuter sind fast das ganze Jahr über frisch verfügbar, können natürlich auch gern für den Vorrat getrocknet werden. Aber auch, wenn man mal keine Zeit oder Möglichkeit zum Sammeln hat, sollten Wildkräuter in der Fütterung nicht fehlen, denn im besten Fall sind sie bereits Teil des Hauptfutters. Tolle Wildkräuter für Hühner und Wachteln haben wir euch zu jeder Jahreszeit passend vorgestellt. Über die leckeren Pesto-Rezepte oder das Trocknen der Kräuter könnt ihr sie ganzjährig haltbar machen.

Mein Tipp: Trocknet Wildkräutersträuße! Die könnt ihr später, so wie sie sind, euren Tieren anbieten.

Der Extra-Energie-Kick

Deine Wachteln und Hühner brauchen ein paar Extrakalorien? Auch davon gibt es eine Vielzahl an gesunden Möglichkeiten. Saaten und Kerne generell haben viele bekömmliche Fette. Auch Nüsse sind eine leckere Möglichkeit und besonders im Winter, wo allein das Temperaturmanagement ordentlich Kalorien erfordert, eine leckere und unterstützende Futterergänzung. Aber auch geschwächten Tieren kann die Zufütterung dieser Leckereien helfen. Besonders geeignet sind: Haselnüsse, Walnüsse, Sonnenblumenkerne und Hirse. Die Nüsse solltet ihr gemahlen anbieten.

EIFUTTER UND EIER – HEUTE NICHT MEHR SO ANGESAGT

Energiebombe Eifutter? Eifutter stammt aus der wahrlich alten Schule der Vogelfütterung. Es besteht letztendlich aus zerkleinerten Backwaren, gelegentlich mit Zusätzen wie Zucker, Honig und Co. Da Backwaren diverse Problematiken beinhalten, empfehle ich, auf naturbelassenere Alternativen zu setzen. So können gemahlene Haselnüsse mit Kräutern und ein wenig Honig alle Zwecke, die man sich vom Eifutter erhofft – wie Energiedichte und leichte Verdaulichkeit – erfüllen, haben aber in Sachen Bekömmlichkeit und Wertigkeit bei Weitem die Nase vorn.

Achtung Ei: Auch Eier werden immer noch gerne meistens an Hühner verfüttert. Bei Wachteln ist das weniger geläufig. Dabei ist dringend darauf zu achten, dass weder die Konsistenz noch der Geruch an Eier erinnern. Sonst kann es im schlimmsten Fall dazu führen, dass man sich selbst Eierpicker erzieht, also Wachteln und Hühner, die ihre eigenen Eier oder die der Kolleginnen anpicken und auffressen. Gekocht, aber auch roh, auf alle Fälle püriert mit intensiven Kräutern wie Majoran, Basilikum oder Bohnenkraut geht man auf Nummer sicher.

Küchenkräuter sind ganzjährig verfügbar und immer wieder ein leckeres Highlight für deine Tiere.

Öle für Wachteln und Hühner

Speiseöle gibt es mittlerweile viele. Doch welche eignen sich für deine Tiere besonders gut? Und wie oft sollte man Öle füttern?

Der grundlegende Bedarf an Lipiden (Fetten) sollte bereits über das Grundfutter abgedeckt sein. Trotzdem kann es erforderlich und gut sein, manchmal noch mit weiteren Ölsorten zu arbeiten. So können gezielt Schwerpunkte unterstützt werden und gegebenenfalls Kuren oder Heilungsprozesse gefördert werden. Mit welchen Ölen ich für welche Schwerpunkte gern arbeite, habe ich euch nachfolgend einmal zusammengestellt. Diese Übersicht ist eine Empfehlung; es gibt noch viele weitere tolle Öle.

NUSSÖLE

Walnussöl verwende ich besonders gern sparsam in den Darmkuren und gern auch zusätzlich zu frisch gehackten Kräutern und Wildkräutern. Ein- bis zweimal die Woche genügen für 5 Hühner oder 15 Wachteln jeweils 2 EL Öl. Übrigens könnt ihr sowohl das Walnussöl als auch die gehackten Walnüsse in den Darmkuren einsetzen.

Mandelöl ist ein hervorragendes Pflegeöl für die Haut. Da es besonders mild ist, kann es auch an empfindlichen Stellen, wie Kamm, Kehllappen oder Kloake, äußerlich verwendet werden. Es enthält die Vitamine A, E, B und D und die Mineralien Kalium, Magnesium und Calcium. Mandelöl eignet sich zudem hervorragend als Basis für selbst angesetzte Pflegeöle.

Einige Zierwachteln, wie diese Madagaskar-Perlwachtel, sind in ihrer Fütterung ganz besonders auf hochwertige Lipide angewiesen.

KERNÖLE UND SAATENÖLE

Kürbiskernöl gilt in der Wachtel- und Hühnerfütterung als absoluter Geheimtipp. Zu Recht! Kürbiskernöl ist besonders reich an mehrfach ungesättigten Fettsäuren. Und: Es darf während einer Darmkur täglich eingesetzt werden.

Sonnenblumenöl ist sicherlich eines der absoluten Klassiker. Da es besonders geschmacksneutral ist, kann man es gut zum Ansetzen eigener Öle verwenden. Wer eine vergleichbare Alternative sucht, kann auch mit Rapsöl arbeiten.

Rapsöl gilt in vielen Bereichen als besonders starkes, universell einsetzbares Öl. Im Vergleich zu anderen Ölen enthält es am wenigsten gesättigte Fettsäuren und ist reich an einfach ungesättigten Fettsäuren, Omega-3-Fettsäuren (Alpha-Linolensäure) und Vitamin E.

Traubenkernöl gilt als echtes Superfood. Kein Wunder, denn neben seinen ungesättigten Fettsäuren und Vitaminen können die Inhaltsstoffe die Gefäße vor Ablagerungen schützen und gegebenenfalls sogar befreien. Außerdem gilt Traubenkernöl sowohl äußerlich als auch innerlich durch die enthaltenen Polyphenole als entzündungshemmend.

Schwarzkümmelöl ist mittlerweile mit den unterschiedlichsten Meinungen behaftet: Absolutes Superfood sagen die einen, leberschädigend und überschätzt die anderen. Die Wahrheit liegt sicherlich in der Mitte. Natürlich ist eine zu fettreiche Fütterung, genauso wie eine zu fettarme Fütterung, abträglich für die Gesundheit. Allen voran für die Leber. In gesundem Maß ist Schwarzkümmelöl mit seinen vielen Vorteilen aber als Bereicherung der Fütterung zu sehen. Es sollte in der Fütterung eurer Wachteln und Hühner gern öfter integriert werden. Für 5 Hühner bzw. 15 Wachteln empfehle ich euch etwa 2 EL zweimal die Woche.

Leinöl, und zwar ein wirklich gutes Leinöl, gilt immer noch als der absolute Liebling in der Tierfütterung. Ihr solltet darauf achten, dass es stets frisch und kalt gepresst ist. Leinöl hat einen Rekordanteil an der essenziellen Alpha-Linolensäure. Ein starkes Leinöl darf daher gern sowohl zu Frischfutter wie Kräutern oder Keimfutter gegeben als auch zum Ansetzen eigener Öle verwendet werden.

KRÄUTERÖLE

Kräuteröle sind in den meisten Fällen Kombinationen aus einem Basisöl und Kräutern. Besonders gern genommen werden für Wachteln und Hühner Oreganoöl, Thymianöl und Basilikumöl.

Kräuteröle könnt ihr besonders leicht selbst herstellen. Am Beispiel des Oreganoöls zeige ich euch ein Grundrezept auf der nächsten Seite. Dieses ist dann entsprechend auf andere Öle übertragbar.

ORANGENÖL

Orangenöl und Basilikum gelten bei Wachteln und Hühner als hervorragende Appetitanreger: Bei abgemagerten, appetitlosen Tieren kann man damit den Appetit auf natürliche Weise stimulieren. Einfach frischen Basilikum klein hacken

Gefiederspray

Für ca. 200 ml:
2 TL frische oder getrocknete Rosmarinnadeln
6–8 frische oder getrocknete Lavendelblütenstängel
200 ml stilles Mineralwasser
3 Tropfen ätherisches Lavendelöl
optional, nur für die äußere Anwendung:
10 Tropfen Panthenol

Rosmarinnadeln und Lavendelblüten mit heißem, nicht mehr kochendem Mineralwasser übergießen und 1 Stunde ziehen lassen. Die Mischung abseihen. In eine Flasche geben und das Lavendelöl dazugeben. Gut schütteln.

Du kannst dieses Spray deinen Wachteln und Hühnern täglich verabreichen: Du kannst es übers Frischfutter sprühen, frisch gepflückte Wildkräuter damit einsprühen oder ins Trinkwasser geben. Je nach Anzahl der Tiere genügen wenige Sprühstöße.

Zur äußeren Anwendung gib noch ein wenig Panthenol aus der Apotheke mit dazu. Ein bis zwei Sprühstöße auf das Gefieder pro Wachtel genügen. Bei Hühnern darf es einer mehr sein. Am stressfreisten gelingt das Einsprühen während des Fressens.

Das Gefiederspray unterstützt von innen und von außen ein schönes, gepflegtes Gefieder. Es eignet sich auch hervorragend gegen Milben.

Oreganoöl

Für 700 ml:
4 EL getrockneter Oregano
700 ml neutrales Öl, zum Beispiel Raps- oder Leinöl

Die Zutaten in ein Topf geben und bei leichter Hitze (ca. 50 °C) 2–3 Stunden simmern lassen. Danach durch einen Kaffeefilter abgießen und in eine Flasche füllen. Abkühlen lassen und anschließend im Kühlschrank lagern. Dein selbst gemachtes Oreganoöl ist in der Regel etwa 6 Monate haltbar.

und einige Tropfen des selbst gemachten Orangenöls (Rezept Seite 97) dazugeben. Gern mit etwas Hirse anbieten.

ÄTHERISCHE ÖLE

Ätherische Öle sind in der Naturheilkunde und in der Aromatherapie unheimlich beliebt. Ob entspannungs- oder heilungsfördernd, ob für gutes Stallklima oder Harmonie in der Gruppe, ob gegen Parasiten oder schlechte Laune: Ätherische Öle können hervorragend in den Alltag mit euren Wachteln und Hühnern integriert werden. Die Anwendung muss allerdings stets sparsam und vorsichtig erfolgen.

Natürlich können wir im Rahmen dieses Buches nicht auf den kompletten Bereich der Aromatherapie für Wachteln und Hühner eingehen. Aber ich möchte euch meine beliebtesten Rezepte mitgeben, mit denen ich meine Wachteln und Hühner regelmäßig verwöhne.

Manchmal braucht ein optimales Gefieder ein kleines bisschen Unterstützung.

Erfrischungsspray

Für ca. 200 ml:
200 ml stilles Mineralwasser
1 Tropfen naturreines ätherisches Rosenöl (Achtung: Die meisten Produkte sind verdünnte Öle. Reines Rosenöl bekommst du beispielsweise in der Apotheke.)
2 Tropen naturreines ätherisches Pfefferminzöl

Alles in einem Fläschchen gut schütteln und direkt anwenden: Du kannst dein Erfrischungsspray beispielsweise über geriebene Möhrchen sprühen oder wenige Sprühstöße ins Trinkwasser geben und so für eine Abkühlung von innen sorgen.

Es ist besonders für heiße Sommertage zu empfehlen. Es sorgt für Erfrischung, fördert das Wohlbefinden und kann auch die Futteraufnahme optimieren. Sogar als Stallspray eignet es sich und sorgt mit seinem frischen Duft für ein angenehmes Klima.

Weitere Pflanzen im Überblick

Sonnenblumen sind frisch und getrocknet eine ganzjährige Futterergänzung. Man kann die Blütenköpfe selber trocknen oder fertig getrocknet kaufen.

Hühnern und Wachteln gleichermaßen willkommen: Kamille ist für die innere und äußere Anwendung ein echter Goldschatz der Natur.

WERTVOLLE PFLANZEN

Giersch
Mohn
Sellerie
Grünkohl
Kohlrabiblätter
Möhren
Gartensalat
Feldsalat, am besten aus dem Garten
Birkenäste und junge Triebe
Rosenblütenblätter
Hainbuche
Knoblauchsrauke
Franzosenkraut
Vogelmiere
Breitwegerich
Spitzwegerich
Ringelblume
Drachenkopf
Eberesche
Klee
Gräser
Lavendel
Zucchini- oder Kürbisblätter
Kapuzinerkresse
Sonnenblume
Kamille

Besonders die Blätter von Kürbissen stecken voller Vitamine und essenzieller Aminosäuren. Es dürfen allerdings ausschließlich Blätter von Speisekürbissen verwendet werden; Blätter von Zierkürbissen sind giftig.

Kamille kann auch für die äußere Anwendung, zum Beispiel in Form eines Kamillewickels, eine große Hilfe sein.

Kamillewickel

frische oder getrocknete Kamilleblüten, sehr fein gehackt oder gemahlen
Kamilleöl
Gerstenmehl

Kamille hat sich auch für die äußere Anwendung bewährt: besonders bei Verspannungen und Verkrampfungen, zum Beispiel bei einer Legenot.

Alle Zutaten mit etwas Wasser zu einem Brei verrühren. Auf ein Tuch geben und um die entsprechende Stelle wickeln.

PFLANZEN, DIE NUR IN KLEINEN MENGEN VERZEHRT WERDEN SOLLTEN

Natürlich gilt der Satz „Die Menge macht das Gift!“ in vielen Fällen. Sprich auch als Wachtel oder Huhn sollte man alles in Maßen genießen.

Salbei ist bei uns Menschen als Heilkraut sehr beliebt. Aber Achtung! Die verträgliche Dosis ist bei Wachteln und Hühnern sehr gering. Wer auf Nummer sicher gehen möchte, greift zu bekömmlichen Wirkungsalternativen wie Thymian.

Frischer Spinat steckt wahrlich voller Vitamine und Mineralstoffe. Allerdings enthält er auch recht viel Oxalsäure. Gelegentlich als kleines Highlight darf er angeboten werden, aber stets nur in kleinen Mengen.

PFLANZEN, DIE GENASCHT WERDEN DÜRFEN, ABER WENIG MEHRWERT BRINGEN

Supermarkt-Salat
Gurke
Wassermelone
Schmuckkörbchen
Vergissmeinnicht
Zucchini

ACHTUNG: GIFTIG ODER UNVERTRÄGLICH

Avocado
Thuja
Farne
Zitrusfrüchte
Ilex
Goldregen
Blauregen
Frühblüher
Borretsch
Fingerhut
Eisenhut
Eibe
Tollkirsche
Buchsbaum
Clematis
Kirschlorbeer
Oleander
Zierkürbisse
Jakobskreuzkraut

Die Weinrebe ist wuchsstark und eine echte Leckerei für eure Vögel – übrigens nicht nur die Trauben, sondern auch die Blätter.

VORSICHT, VERWECHSLUNGSGEFAHR

Wein

Wein kommt gleich im Dreier-Pack daher und macht es besonders Einsteigern nicht besonders leicht: Wilder Wein, Wilde Weinrebe und Edle Weinrebe (unsere leckere Tafeltraube bzw. Weintraube).

Wilder Wein (*Parthenocissus*) gilt in allen Pflanzenteilen als giftig; er enthält zusätzlich noch Raphiden. Diese kristallinen Strukturen können in Haut und Schleimhäute eindringen und dort zu Irritationen bis hin zu Entzündungen und Blasen führen. Um eine Vergiftungsgefahr sicher auszuschließen, sollte Wilder Wein niemals in der Nähe deiner Wachteln und Hühner wachsen.

Die Edle Weinrebe (*Vitis*) und ihre wilde Verwandte, die Wilde Weinrebe, können beide in Maßen angeboten werden. Sie enthalten sogar einige B-Vitamine und können den Speiseplan durchaus bereichern. Die Blätter sind dabei noch mehr zu empfehlen als die Trauben.

Nadelbäume

Unter den eigentlich so verträglichen Nadelbäumen hat sich die Eibe eingeschummelt. Bitte bedenkt, dass diese giftig ist!

Borretsch wurde früher als Heilpflanze verwendet. Davon rät man mittlerweile intensiv ab. Die enthaltenen Pyrrolizidinalkaloide gelten als zu bedenklich, auch in geringen Mengen. In Ausnahmefällen wird das Öl für die äußere Anwendung empfohlen.

Service

ÜBER DIE AUTORIN

Anne Baresch liebt und lebt ihren Alltag mit den Wachteln und Hühnern. Mit den Hühnervögeln, Hunden, Pferden, Katzen, Kaninchen, Meerschweinchen und Co. verfolgt sie einen ganzheitlichen Ansatz in Fütterung, Zucht und Haltung.

Bereits im frühen Kindesalter war sie von Hühnern und Wachteln fasziniert. Heute hält sie stolze elf unterschiedliche Wachtelarten, 15 Hühnerrassen und diverse andere Volierenbewohner wie Chinesische Bambushühner, Prachtfinken, Kanarienvögel, Wellensittiche und Diamanttauben.

Mit ihrem Hang zur gesunden, naturnahen Ernährung machte sie es sich zur Aufgabe, dieses Ziel auch für ihre Tiere umzusetzen. Aus dieser Passion entstand ihr eigenes Wachtel- und Hühnerfutter, das „Kräuterkorn", das man in ihrem eigenen Onlineshop **www.greenpetshop.de** genauso findet wie eine Vielzahl an duftenden Kräutermischungen.

Wer täglich Neues von Anne erfahren möchte, kann ihr gerne bei Instagram oder Facebook folgen: **@wachtel_anne.** Durch ihre spannenden Einblicke in Haltung und Fütterung ist auch der TV-Sender VOX auf sie aufmerksam geworden, sodass Anne und ihre Wachteln bereits bei der Sendung „hundkatzemaus" zu sehen waren.

IHR LIEBEN!

Ihr habt während der letzten 122 Seiten gesehen, wie unterschiedlich eine artgerechte Fütterung gestaltet werden kann und welche Konstanten es zu berücksichtigen gilt. Egal, ob ihr Wachteln oder Hühner aus praktischen Gründen haltet oder als liebenswerte Haustiere: Jedes kleine Leben, dessen Obhut, Fütterung und Lebensglück in unseren Händen liegt, hat nicht weniger verdient, als dass wir uns dieser Verantwortung bewusst sind und wir sie gerne und mit Begeisterung leben.

Eure Anne

Register

Kursive Einträge verweisen auf Rezepte

Weiterführende Informationen

Du hast noch weitergehende Fragen rund um deine Tiere? Hier findest du zusätzliche Informationen und leckere Highlights:

Wachtel- und Hühner-Live-Talk

Du möchtest mehr zu spannenden, aktuellen Themen erfahren und auch eigene Fragen stellen können? Dann schau doch gerne mal im Wachtel- und Hühner-Live-Talk vorbei. Der findet **jeden Mittwoch um 19 Uhr** auf meinem Instagram-Account **@wachtel_anne** statt.

Bestes Hauptfutter, „Warme Näpfchen" und bekömmliche Kräuter

Das alles und noch mehr findest du in meinem Onlineshop **www.greenpetshop.de**
Dort findest du alle wichtigen Bestandteile für eine gesunde Fütterung von Wachteln und Hühnern, weitere Rezepte und Tipps & Tricks aus der Natur. Unter anderem sind hier das „Kräuterkorn", die „Warmen Näpfchen", die Wachtel- und Hühnerluzerne und alle Toppings wie „Vitallöffel", „Atemlöffel", „SOS-Löffel", „Immunlöffel" und „Blütenlöffel" erhältlich.
Der Green Pet Shop steht für gesunde, nachhaltige Futtermittel, die sich am Beispiel der Natur orientieren. Dabei sind alle Futtermittel ohne Gentechnik, Soja, künstliche Farb- und Konservierungsmittel und Geschmacksverstärker. Unter dem Motto „Back to the roots" wird mehr Wert auf Klasse anstatt auf Masse gelegt. Du brauchst keine 37 Tütchen für deine Wachteln und Hühner. Wenn es die richtigen Inhaltsstoffe sind, ist weniger mehr!

Hermetialarven: Leckere Würmchen aus deutscher Aufzucht und Haltung

Die meisten Würmchen, die für die Futtermittelindustrie produziert werden, kommen aus China und werden dort in riesigen Anlagen gezogen. Aber es geht auch anders! Die Firma **Made by Made** ist in Deutschland zu Hause und zieht genau dort auch ihre leckeren Hermetialarven groß. Für bessere Tierhaltung und weniger Transportwege. Kurz: Für eine grünere Welt von morgen.
www.madebymade.eu

Bücher zum Schmökern

Bauer, Wilhelm: Hühnerställe bauen. Verlag Eugen Ulmer, Stuttgart, 2024.

Bauer, Yvonne und Wilhelm: Zwerghühner in meinem Garten. Kleine Hühner artgerecht halten. Verlag Eugen Ulmer, Stuttgart, 2022.

Bauer, Yvonne und Wilhelm: Hühner. 500 Fragen, 500 Antworten. Alles, was Sie schon immer über Hühnerhaltung wissen wollten ... und noch viel mehr. Verlag Eugen Ulmer, Stuttgart, 2023.

Krause, Antje und Bauer, Wilhelm: Garten sucht Hühner. Die besten Rassen für kleine Gärten. Verlag Eugen Ulmer, Stuttgart, 2018.

Krause, Antje und Bauer, Wilhelm: Warum Hühner scharren, nicken und picken. Alles über Verhalten, Gewohnheiten und Marotten. Verlag Eugen Ulmer, Stuttgart, 2021.

Krause, Antje und Bauer, Wilhelm: Alte Hühnerrassen halten. Vielfalt fördern. Verlag Eugen Ulmer, Stuttgart, 2023.

Peitz, Beate und Leopold: Hühner halten. Glückliche Hühner im eigenen Garten. Verlag Eugen Ulmer, Stuttgart, 2021.

Sewerin, Dr. Katrin: Hilfe, mein Huhn niest! Häufige Krankheiten bei Hühnern erkennen & behandeln. Verlag Eugen Ulmer, Stuttgart, 2024.

Mehr schmökern?

Noch mehr schmökern? Dann schau gerne auf meiner Homepage **www.wachtelanne.de** vorbei. Dort verrate ich viele meiner persönlichen Erfahrungen im Zusammenleben mit den Tieren. Außerdem gibt es spannende Rezepte, Ideen und aktuelle Projekte.

BILDQUELLEN

Alle Fotos stammen von der Autorin, außer:
Künzel, Mandy: Seiten 4, 10, 30, 62, 123, Klappe hinten außen (Porträt Autorin)
Die Grafik auf Seite 106 stammt von Flubacher Grafisches Atelier (flubacher.de), nach einer Vorlage des Julius-Kühn-Instituts. Das Icon Hühnerspuren auf dem Buchrücken stammt von Wiktoria Matynia/shutterstock.com.

IMPRESSUM

Anmerkung zur Schreibweise (Gendering):
Gendergerechtigkeit und Inklusion sind bei uns gelebte Praxis – bei der Auswahl unserer Themen, bei der Recherchearbeit, in der Gestaltung. Unsere Texte meinen alle. Damit unsere Inhalte jedoch gut lesbar bleiben, verzichten wir in diesem Werk auf die jeweilige Mehrfachnennung oder Anpassung der Schreibweise bestimmter Bezeichnungen an die weibliche, männliche oder diverse Form.

Die in diesem Buch enthaltenen Empfehlungen und Angaben sind von der Autorin mit größter Sorgfalt zusammengestellt und geprüft worden. Eine Garantie für die Richtigkeit der Angaben kann aber nicht gegeben werden. Autorin und Verlag übernehmen keine Haftung für Schäden und Unfälle. Bitte setzen Sie bei der Anwendung der in diesem Buch enthaltenen Empfehlungen Ihr persönliches Urteilsvermögen ein. Der Verlag Eugen Ulmer ist nicht verantwortlich für die Inhalte der im Buch genannten Websites.

FSC
www.fsc.org
MIX
Papier | Fördert gute Waldnutzung
FSC® C110508

Bibliografische Information der Deutschen Nationalbibliothek
Die Deutsche Nationalbibliothek verzeichnet diese Publikation in der Deutschen Nationalbibliografie; detaillierte bibliografische Daten sind im Internet über http://dnb.d-nb.de abrufbar.

Wollgrasweg 41, 70599 Stuttgart (Hohenheim)
E-Mail: info@ulmer.de
Internet: www.ulmer-verlag.de
Projektleitung: Antje Munk
Lektorat: Antje Krause
Herstellung: Isabell Scherrieble
Umschlag-Gestaltung: Verlag Eugen Ulmer / Anette Vogt, www.redsign.de, Stuttgart
Layout und Satz: Anette Vogt, www.redsign.de, Stuttgart
Druck und Bindung: Westermann Druck, Zwickau
Printed in Germany

ISBN 978-3-8186-2082-0